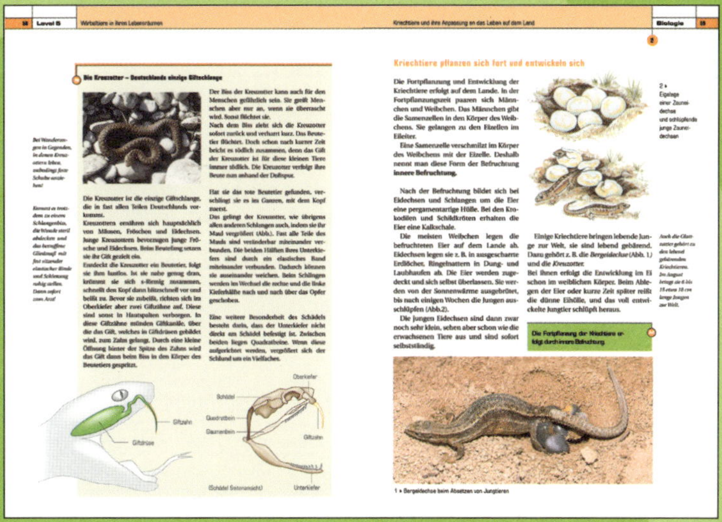

**Inhaltsseiten**
Diese Seiten vermitteln dir – unterstützt durch **Merksätze**, Tabellen und Übersichten – biologisches Grundlagenwissen über wichtige Begriffe, Gesetze, Erscheinungen und Zusammenhänge.

**Ergänzendes und Vertiefendes**
bietet zusätzliche Informationen.

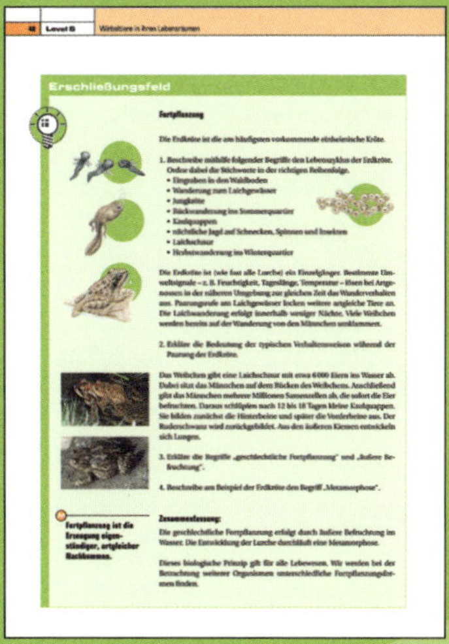

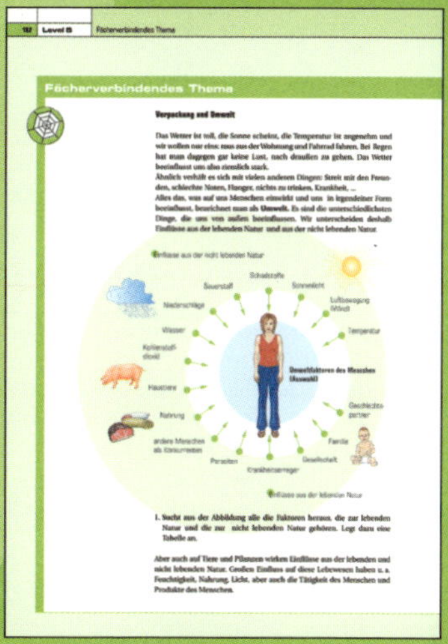

**Erschließungsfeld**
Diese Seiten helfen dir, allgemeingültige Zusammenhänge (z. B. Struktur und Funktion) in der Biologie zu erkennen und sie – unterstützt durch Aufgaben – auf neue Erscheinungen anzuwenden.

**Methoden**
Für die Biologie charakteristische Denk- und Arbeitsmethoden zeigen dir, wie du bei bestimmten Tätigkeiten (z. B. Erklären, Beobachten, Beschreiben, Vergleichen, Experimentieren, Protokollieren, Lesen von Sachtexten) schrittweise vorgehen kannst.

**Projekte und fächerverbindendes Thema**
Diese Seiten sollen dich zum selbstständigen Bearbeiten ausgewählter Themen anregen, die eine Verbindung zwischen verschiedenen Fächern herstellen.

Helen Schachmann 5d

# Level Biologie

5

## Lehrbuch für die Klasse 5
## Gymnasium Sachsen

DUDEN PAETEC Schulbuchverlag

Berlin · Frankfurt a. M.

**Herausgeber**
Dr. Axel Goldberg
Dr. Edeltraud Kemnitz

**Autoren**
Ralf Ballmann
Sabine Becker
Dr. Axel Goldberg
Dr. Edeltraud Kemnitz
Prof. Dr. sc. Manfred Kurze
Dr. habil. Christa Pews-Hocke
Dr. Bernd Schmidt
Prof. Dr. habil. Erwin Zabel

**Beiträge von**
Dr. Susanne Brezmann

**Berater**
Ralf Ballmann, Werdau

Dieses Buch enthält Vorschläge und Anleitungen für Untersuchungen und Experimente. Vor jedem Experiment sind mögliche Gefahrenquellen zu besprechen. Die Gefahrenquellen sind in den experimentellen Aufgaben mit „Vorsicht" gekennzeichnet. Experimente werden nur auf Anweisung des Lehrers durchgeführt. Solche mit Gefahrenquellen dürfen nur unter Aufsicht des Lehrers oder der Eltern durchgeführt werden. Beim Experimentieren sind die Richtlinien zur Sicherheit im naturwissenschaftlichen Unterricht einzuhalten.



1. Auflage
1 7 6 5 4 3 | 2011 20010 2009 2008 2007
Alle Drucke dieser Auflage können im Unterricht nebeneinander benutzt werden.
Die letzte Zahl bezeichnet das Jahr dieses Druckes.



**Internet** www.duden-paetec.de

**Redaktion** Dr. Edeltraud Kemnitz
**Gestaltungskonzept und Umschlag** Simone Hoschack
**Layout** Simone Hoschack
**Zeichnungen** Christiane Gottschlich, Martha-Luise Gubig, Karin Mall, Christiane Mitzkus, Walther-Maria Scheid, Jule Pfeiffer-Spiekermann, Sybille Storch
**Druck** Druckerei zu Altenburg GmbH

ISBN 978-3-89818-430-4

# Inhaltsverzeichnis

Margarine

# 1 Biologie – Was ist das?

1

# Kennzeichen des Lebens

**Nach 19 Tagen geschlechtsreif ▸▸** Alle Lebewesen pflanzen sich fort. Ehe die Nachkommen selbst wieder Junge bekommen können, sie also geschlechtsreif sind, vergeht eine bestimmte Zeit. Nashörner sind erst nach 20 Jahren geschlechtsreif, bei Kröten dauert es etwa 3 bis 4 Jahre. Ein Berglemmingweibchen dagegen könnte bereits nach 19 Tagen selbst Nachkommen austragen.

**120 km pro Stunde ▸▸** Alle Lebewesen bewegen sich. Einige Lebewesen, z. B. die Pflanzen, bewegen nur Teile, sie wenden sie dem Licht zu. Andere Lebewesen, wie die Tiere, bewegen sich von einem Ort zum anderen und legen dabei zum Teil große Entfernungen zurück. Unter den Läufern hält der Gepard mit 120 km in der Stunde den Weltrekord. Am langsamsten ist in dieser Disziplin der Kugeltausendfuß mit 0,0013 km in der Stunde.

## Lebendes oder Nichtlebendes?

Sonnenblume, Pferde, Hunde, Rosen, Menschen, Zimmerpflanzen und viele andere Lebewesen gehören zur **lebenden Natur**.

Gegenstände, die eigentlich so ähnlich aussehen wie Tiere, Menschen und Pflanzen, z. B. Puppen, Plüschtiere und Kunstblumen (Abb.), gehören dagegen zur **nicht lebenden Natur**. Auch Steine, Wasser, Autos und Dosen zählen dazu.

*Worin besteht der Unterschied zwischen lebender und nicht lebender Natur?*
*Woran erkennt man, ob ein Gegenstand lebend oder nicht lebend ist?*

Obwohl Lebewesen wie Pflanzen, Tiere und Menschen so unterschiedlich aussehen, haben sie **gemeinsame Merkmale**. Und genau durch diese Merkmale unterscheiden sie sich von nicht lebenden Gegenständen.

Diese Unterscheidungsmerkmale kann man beispielsweise durch genaues Beobachten von Pflanzen und Tieren herausfinden (s. unten).

1 ▸ Künstliche Gerbera und echte Gerbera sind im Aussehen kaum zu unterscheiden.

### Beobachtung

#### Mäuse können sehr unterschiedlich sein

Der Biologielehrer hat einen Käfig mit Mäusen mit in den Unterricht gebracht.
Vorsichtig trägt er zwei weitere Mäuse in seiner Hand.

1. Beobachte die Mäuse in ihrem Käfig. Beschreibe, welche Tätigkeiten sie ausführen.
2. Stelle ein Schälchen mit Körnerfutter in den Käfig. Beobachte, wie die Mäuse darauf reagieren.
3. Vergleiche die Mäuse im Käfig mit den Mäusen auf der Hand des Lehrers.
4. Welche Merkmale kennzeichnen die Mäuse im Käfig als Lebewesen?

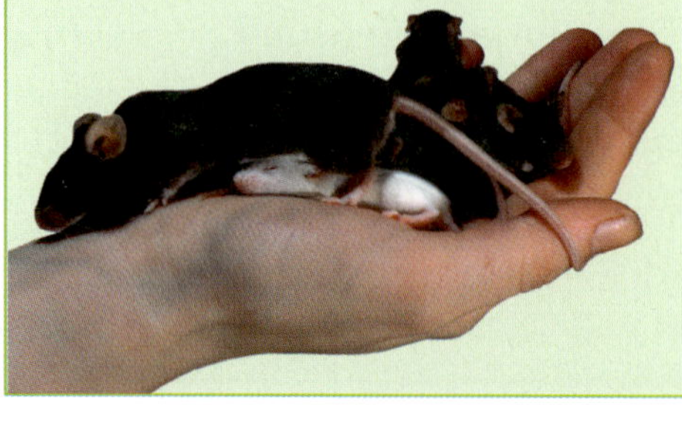

# Arbeitsgebiete und Arbeitsgeräte der Biologen

Mit der lebenden Natur beschäftigt sich die Biologie. Man sagt auch, sie ist die **Lehre vom Leben** (*bios* = Leben, *logos* = Lehre). Biologen untersuchen z. B. den Körperbau und die Lebensvorgänge bei Lebewesen, wie Pilzen, Pflanzen, Tieren und dem Menschen. Deshalb gibt es auch **verschiedene Teilgebiete** der Wissenschaft Biologie.

Die **Pflanzenkunde** (Botanik) beschäftigt sich ganz genau mit dem Körperbau und den Lebensvorgängen der Pflanzen, z. B. bei Algen, Moos-, Farn- und Samenpflanzen.

Die **Tierkunde** (Zoologie) untersucht dagegen den Bau und die Lebensvorgänge von Tieren, z. B. von wirbellosen Tieren und Wirbeltieren.

Den Bau, die Lebensvorgänge, die Entwicklung des menschlichen Körpers und das Verhalten erforscht die **Menschenkunde**.

Für diese Untersuchungen und Beobachtungen benötigen die Biologen spezielle **Arbeitsgeräte**.

Auch im Biologieunterricht werden Pflanzen und Pflanzenteile sowie kleine Tiere betrachtet und untersucht. Dafür benötigt man ebenfalls einige Arbeitsgeräte.

Die **Lupe** ist ein Vergrößerungsglas. Du kannst Pflanzen und Tiere bzw. deren Teile durch sie wesentlich größer sehen, als sie wirklich sind. Gebräuchlich sind Lupen, die ein 5- bis 12fach vergrößertes Bild des untersuchten Objektes zeigen.

Um die kleinen Gegenstände vergrößert sehen zu können, musst du die Lupe richtig handhaben.

Du hältst die Lupe zwischen Auge und Objekt. Das Objekt kannst du deutlich vergrößert sehen, wenn du den Abstand zwischen Auge und Objekt veränderst.

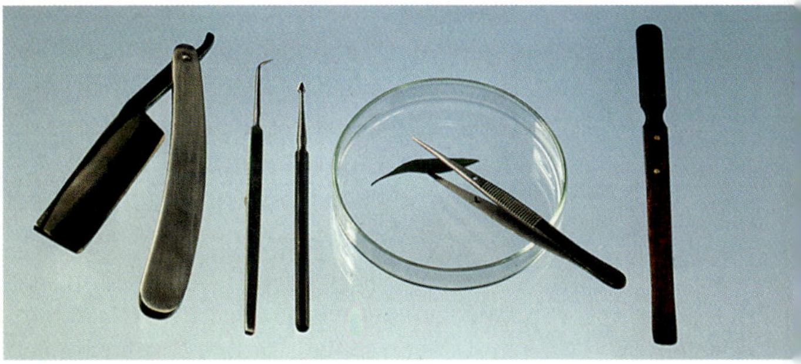

1 ▸ Einige Arbeitsgeräte des Biologen

Das erreichst du, indem du entweder das Objekt oder die Lupe bewegst. Benutzen kannst du eine *Standlupe, Stiellupe* oder *Einschlaglupe.* Mithilfe der Lupe kannst du beispielsweise wesentliche Merkmale des Lebens an lebenden Käfern, Ameisen oder anderen Insekten beobachten, z. B. ihre Fortbewegung. Lebende Tiere sind nach der Beobachtung wieder in ihre natürliche Umwelt auszusetzen.

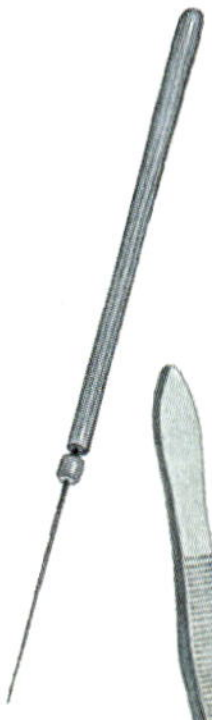

Mit der Lupe kannst du auch die Körpergliederung, z. B. bei toten Käfern, Fliegen oder Honigbienen, sowie den äußeren Bau des Körpers dieser Insekten genau erkennen, z. B. die Mundwerkzeuge, die Zahl der Beine.

Die **Petrischale** (Abb. 1) ist eine Glasschale, die aus einem Unterteil und einem Deckel besteht. In ihr kannst du Pflanzen und Tiere bzw. deren Teile aufbewahren und anschließend untersuchen.

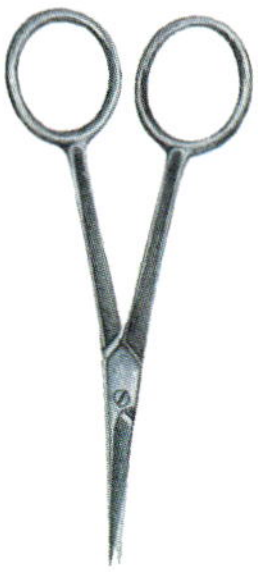

Mit der **Schere** lassen sich Objekte zerschneiden, z. B. Laubblätter, Stängel, Blüten. Die verschiedenen **Nadeln** und die **Pinzette** kannst du zum Zerlegen (z. B. Blüten) und Zergliedern von Objekten benutzen (Abb. 1). Die Nadeln dienen zum Auseinanderschieben der zu untersuchenden Objekte. Mit der Pinzette kannst du das zu untersuchende Material zerzupfen oder auch festhalten.

## Tiere sind Lebewesen

### Bewegung

Viele Vögel sammeln sich im Spätsommer und machen sich auf eine lange Reise in wärmere Gebiete. Sie legen oft Tausende Kilometer zurück.

Junge Fohlen springen in der Koppel umher oder laufen an der Seite der Stute.

Lachse nehmen auf dem Weg in ihre Laichgebiete sehr große Gefahren in Kauf und legen dabei riesige Entfernungen zurück. **Tiere bewegen sich**.

*Den Sauerstoff für die Atmung nehmen Tiere entweder durch Kiemen oder Lungen auf. Alle durch Lungen atmende Lebewesen müssen im Wasser auftauchen, um Luft zu holen. Schnabelwale können 120 Minuten unter Wasser bleiben, Menschen nur 2 Minuten!*

### Stoffwechsel

Alle Tiere nehmen ständig Wasser und Nahrung auf. Schafe fressen z. B. das Gras auf der Wiese, Hunde bevorzugen Fleisch, Erdhörnchen knabbern Nüsse und Vögel lieben Körner oder Würmer.

Im Körper der Tiere werden dem Gras bzw. dem Fleisch wichtige Nährstoffe entzogen. Diese Nährstoffe benötigen die Tiere, um leben zu können. Die unverdaulichen Reste der Nahrung werden mit dem Kot aus dem Körper ausgeschieden. **Tiere ernähren sich.**

Tiere nehmen ständig Sauerstoff auf. Ohne den Sauerstoff können Tiere nicht leben. **Tiere atmen**.

Die Tiere nehmen also Stoffe aus ihrer Umwelt auf. Diese verarbeiten sie in ihrem Körper und scheiden auch Stoffe wieder aus. Das Lebensmerkmal heißt **Stoffwechsel.** Die *Vorgänge der Ernährung und Atmung* sind Teile des Stoffwechsels.

*Tiere brauchen am Tag unterschiedlich viel Nahrung. Bei einem Bären beträgt die benötigte Menge ungefähr 2 Prozent seines Körpergewichts, bei Blaumeisen sind es schon 30 Prozent. Ein Maulwurf muss etwa so viel fressen, wie er wiegt und ein Kolibri muss sogar die doppelte Menge seines Körpergewichts zu sich nehmen.*

1

### Wachstum, Fortpflanzung und Entwicklung

Nach der Geburt sind alle Tiere klein, z. B. Kälber (Abb.), Küken oder junge Katzen. Steht ihnen ausreichend Futter zur Verfügung, wachsen sie allmählich heran, sie werden größer und nehmen an Gewicht zu. Aus den Kleintieren entwickeln sich Jungtiere und später erwachsene Tiere

Die erwachsenen Tiere sind irgendwann fortpflanzungsfähig und können selbst wieder Nachkommen haben.
Beispielsweise kann das erwachsene Rind nun selbst ein Kalb bekommen (Abb).

**Tiere wachsen, entwickeln sich und pflanzen sich fort.**

### Reizbarkeit und Verhalten

Die Tiere orientieren sich mit ihren Sinnesorganen in der Umwelt. Beispielsweise können sie mit den Augen sehen und den Ohren hören. Die Informationen aus der Umwelt gelangen als Reize in die Sinnesorgane. Die aufgenommenen Reize werden verarbeitet. Auf die Reize reagieren die Tiere mit einem bestimmten Verhalten. Zwei Hähne z. B. kämpfen um die Vormachtstellung in der Hühnerschar (Abb.). **Tiere sind reizbar und zeigen ein bestimmtes Verhalten.**

*Falken und Adler können sehr scharf sehen, da ihre Augen besonders geformt sind. Sie erspähen z.B. eine Maus aus einer Höhe von bis zu 400 m.*

M

**Tiere ernähren sich. Sie atmen und bewegen sich. Sie pflanzen sich fort, wachsen und entwickeln sich.**
**Sie reagieren auf Reize aus der Umwelt. Tiere sind Lebewesen.**

*Wenn es um die Herrschaft über die Hühnerschar geht, führen die Hähne richtige Kämpfe aus. Auffälliges Verhalten zeigen Tiere auch in der Paarungszeit. Beispielsweise „singen" manche Vögel, um eine Partnerin zu gewinnen. Andere setzen auf Farben (Papageitaucher) oder prachtvolle Federn (Pfau, Paradiesvogel).*

## Pflanzen sind Lebewesen

### Stoffwechsel

Pflanzen vertrocknen, wenn lange kein Regen gefallen ist oder wenn man vergisst, sie zu gießen. Die Blätter werden gelb, und die Pflanzen verkümmern, wenn sie nicht regelmäßig gedüngt werden.

Pflanzen benötigen zum Leben also auch bestimmte Stoffe. Dazu gehören z. B. Wasser und Mineralstoffe, aber auch Licht und Kohlenstoffdioxid.

Die Aufnahme der Stoffe aus dem Boden erfolgt über die Wurzeln (z. B. Wasser, Mineralstoffe) und aus der Luft mit den Laubblättern (z. B. Kohlenstoffdioxid).

**Pflanzen atmen und ernähren sich. Sie haben einen Stoffwechsel.**

### Bewegung

Viele Pflanzen sind Zeit ihres Lebens an einem Ort festgewachsen. Sie können nicht – wie die Tiere – von einem Ort zu einem anderen Ort laufen, schwimmen oder fliegen. Es gibt aber Bewegungen bei ihnen. Allerdings bewegen sie nur Teile ihres Körpers, z. B. die Blüte oder die Laubblätter.

Viele Pflanzen öffnen und schließen ihre Blüten beispielsweise in Abhängigkeit vom Wetter. Bei Regen oder Kälte werden oftmals die Blüten geschlossen, bei Sonnenschein und Wärme geöffnet (z. B. Tulpen, Löwenzahn).

Bei vielen Zimmerpflanzen kann man beobachten, dass sie ihre Laubblätter und Stängel zur Fensterseite ausrichten (Abb. 1). Sie wenden sich dem Licht zu. Dreht man eine Pflanze, so wird man feststellen, dass sich ihre Laubblätter und Stängel schon nach einigen Tagen wieder der Lichtquelle zuneigen.

**Auch Pflanzen können sich bewegen.**

### Reizbarkeit

Obwohl Pflanzen keine Sinnesorgane wie die Tiere besitzen, können sie doch Informationen (Reize) aus ihrer Umwelt aufnehmen und auf sie reagieren. Bei dem Öffnen bzw. Schließen von Blüten wirken Regen, Kälte, Sonnenschein und Wärme als Reiz auf die Pflanze. Das Hinwenden der Stängel und Laubblätter zum Licht (Abb. 1) ist die Reaktion der Pflanze auf den Lichtreiz.

1 ▸ Die Laubblätter und Stängel vieler Zimmerpflanzen wenden sich zum Licht.

1

1 ▸ Die Mimose reagiert auf Berührungen.

*Der Ausspruch: „Du bist eine richtige Mimose!" ist von dieser Pflanze abgeleitet worden.*

Schon auf die geringste Berührung reagiert die *Mimose* mit dem Zusammenklappen ihrer handförmig gefiederten Blätter (Abb. 1 links).

Zuerst klappen die Fiederblättchen einzeln, dann paarweise zusammen. Bei stärkerer Berührung senken sich alle Blattstiele nach unten. Nach einiger Zeit breitet die *Mimose* ihre Blätter wieder aus (Abb. 1 rechts). Sie nehmen ihre frühere Stellung wieder ein. Man nennt sie deshalb auch „Sinnespflanze".

**Pflanzen reagieren auf Reize. Sie sind reizbar.**

### Wachstum, Fortpflanzung und Entwicklung

Bei ausreichender Ernährung beginnt die Jungpflanze zu wachsen. Sie wird größer, entwickelt sich zur ausgewachsenen Pflanze. Diese bildet Blüten und Früchte mit Samen aus. Fallen die Samen auf den Boden, können sie auskeimen und im nächsten Jahr neue Pflanzen bilden.

Bei ausreichend Wasser und Mineralstoffen beginnen die Jungpflanzen zu wachsen. Sie werden größer, entwickeln sich und bilden wiederum Blüten und Samen aus.

Bei der *Bohnenpflanze* kann man das gut beobachten. Zuerst keimt der Bohnensamen. Es entwickelt sich eine junge Bohnenpflanze. Sie wächst und entwickelt sich zur blühenden Bohnenpflanze. Aus den Blüten entwickeln sich Früchte mit Bohnensamen (s. Abb. unten).

**Die Pflanzen pflanzen sich fort, sie wachsen und entwickeln sich.**

M

**Pflanzen ernähren sich. Sie atmen und bewegen sich. Sie pflanzen sich fort, wachsen und entwickeln sich. Sie reagieren auf Reize aus der Umwelt. Pflanzen sind Lebewesen.**

## Methoden

**Wie lese ich biologische Texte, erfasse ihre wesentlichen Inhalte und lerne dabei?**

Oftmals kommt es vor, dass du dir aus Texten Informationen entnehmen musst, z. B. wenn du ein interessantes Buch liest, im Deutschunterricht Lesetexte oder im Geschichtsunterricht Texte über wichtige Ereignisse aus längst vergangenen Zeiten durcharbeitest. Auch im Biologieunterricht wird das Lesen und Auswerten biologischer Fachtexte verlangt.
Damit du den Inhalt der Texte besser verstehst und auch längere Zeit im Gedächtnis behältst, solltest du **beim Lesen und Auswerten eines Textes schrittweise vorgehen.**

*Schritt* 1

**Erfassen der Leseaufgabe**
*Erarbeite mithilfe des Textes die wesentlichen Merkmale der Rinder.*
Lies die Aufgabe genau durch. Hast du die Aufgabe richtig verstanden? Wenn du nicht sicher bist, frage noch einmal nach.

*Schritt* 2

**Erfassen des Hauptinhalts des Lesetextes**
Lies den Text zunächst im Ganzen.
Kennzeichne alle Wörter, die du nicht kennst, mit einem Fragezeichen. ( ? )
*Hinweis:* Gehört das Lehrbuch nicht dir, arbeite mit einer Kopie.

*Schritt* 3

**Gründliches Durcharbeiten des Textes**
Lies den Text jetzt gründlich durch.
Wörter, die dir wichtig erscheinen, kennzeichne mit einem Marker.
Kläre die unbekannten Wörter mithilfe des Registers im Lehrbuch oder eines Lexikons.

### Unsere Hausrinder sind wichtige Nutztiere

Auf Wiesen und Weiden sieht man Rinder grasen. Auffällig sind ihr **massiger Körper** und ihre **stämmigen Beine.** Jeder Fuß endet in zwei kräftigen Zehen. Die Spitzen der Zehen sind von einer dicken Hornschicht, den **Hufen,** ? umgeben. Sie schützen die Zehen. Mit den Hufen treten die Rinder auf den Boden auf. Sie gehören zu den **Huftieren.** Da die Hufe paarig (zweifach) vorhanden sind, bezeichnet man die Rinder als **Paarhufer.** ? *Körperbau*

Die Rinder sind **Pflanzenfresser.** Mit ihrem guten Geruchs- und Geschmackssinn können sie fressbare von ungenießbaren Pflanzen unterscheiden. Mit der langen rauen Zunge umfassen sie die Grasbüschel, rupfen sie ab und schlucken das Gras fast unzerkaut hinunter. Das Gras enthält wenig Nährstoffe und ist auch schwer verdaulich. Jedes Rind frisst deshalb täglich 50 bis 80 kg Grünfutter. *Nahrung*

*Schritt* 4

**Erkennen einer inhaltlichen Gliederung**

Versuche für jeden Abschnitt des Textes eine inhaltliche Überschrift zu formulieren.
Schreibe diese Überschrift an den Rand des Abschnittes oder auf einen Zettel.
Schau dir die Abbildung zum Text an.
Gibt es Beziehungen zwischen Text und Abbildung.

*Schritt* 5

**Zusammenfassen des Wesentlichen**

Versuche wichtige Inhalte des Textes in einer Zusammenfassung zu formulieren.
Vergleiche deine Zusammenfassung mit der Leseaufgabe. Hast du alles berücksichtigt?
Präge dir die wichtigsten Inhalte ein.

*Beispiel:* Hausrinder haben einen stämmigen Körper. Sie gehören zu den Paarhufern. Sie sind Pflanzenfresser und Wiederkäuer. Der Mensch nutzt vor allem Milch und Fleisch.

Dieses schrittweise und planvolle Vorgehen beim Lesen und Auswerten von Texten erscheint anfangs schwierig und zeitaufwändig. Wenn du diese Schrittfolge bei weiteren Leseaufgaben anwendest, wirst du feststellen, dass du die wesentlichen Inhalte eines Lesetextes besser verstehst und länger im Gedächtnis behältst.

*Bau des Magens und Ernährung*

Die Rinder haben einen großen **Magen.** Er besteht aus 4 Teilen: Pansen, Netzmagen, Blättermagen, Labmagen. Über die Speiseröhre gelangt die Nahrung in den Pansen. Nach ca. 2 Stunden Einweichzeit gelangt die Nahrung über den Netzmagen wiederum zurück in das Maul. Nun wird sie durch die Backenzähne gründlich zerkaut, durch die Speiseröhre in den Blättermagen, von dort in den Labmagen und anschließend in den Darm transportiert. Da die Rinder die Nahrung ein zweites Mal aus dem Magen in das Maul befördern und dort zerkauen, werden sie als **Wiederkäuer** ? bezeichnet.

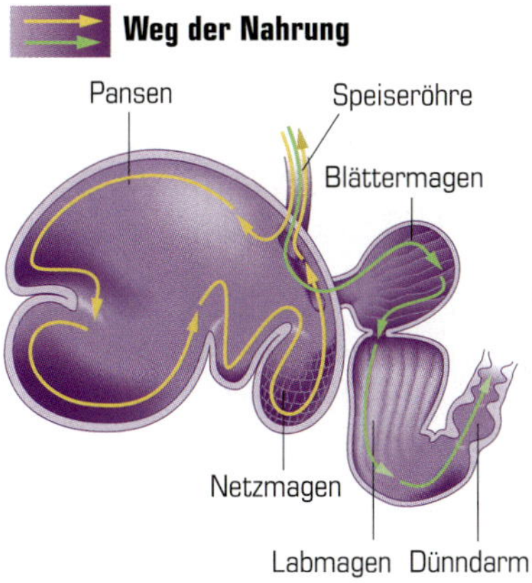


*Nutzen für den Menschen*

In Deutschland werden die Rinder als **Milch**- und **Fleischlieferanten** genutzt. Milchrinder erreichen eine besonders hohe Milchleistung, bis zu 8 000 bis 10 000 Liter im Jahr. Die Kuhmilch ist für uns ein wichtiges Nahrungsmittel. Sie enthält Eiweiß, Fett, Zucker, Vitamine und Mineralstoffe.
Die Fleischrinder zeichnen sich durch einen schnellen Fleischzuwachs sowie durch besonders mageres und zartes Fleisch aus.

## Teste dich selbst!

1. Übertrage die Tabelle in dein Heft. Ordne folgende Objekte in die Tabelle ein. Begründe deine Zuordnung.
Linde, Reh, Habicht, Plastikbecher, Bär, Plüschhund, Stein, Regenwurm, Hund, Bergkristall, Samen, Eiszapfen

| Lebende Objekte | Nicht lebende Objekte |
|---|---|

2. Tiere reagieren u. a. auf Hitze, Kälte und Lockrufe. Beschreibe dies an Beispielen.

3. Eine Maus und eine Spielzeugmaus besitzen Gemeinsamkeiten und Unterschiede. Nenne und erläutere sie.

4. Worin unterscheiden sich Baby und Babypuppe? Stelle Unterschiede in einer Tabelle gegenüber.

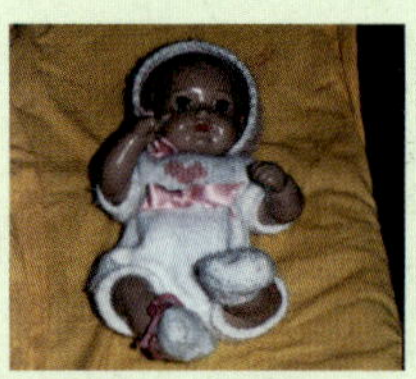

5. Während eines Unterrichtsganges an ein Gewässer kannst du ein Schwanenpaar mit seinen Jungen beobachten.
Beschreibe ihr Verhalten.

6. Pflanzen reagieren u. a. auf Wärme, Kälte, Regen und Licht.
Beschreibe dies an Beispielen.

7. Vergleiche die auf S. 12 abgebildeten Pflanzen genau. Was stellst du fest?
Welches Lebensmerkmal kannst du ableiten?

8. Beobachte die Sonnenblumenkörbe im Verlaufe des Tages.
Was kannst du feststellen? Begründe deine Antwort.

9. Untersuche Blüten verschiedener Pflanzenarten. Welche Funktionen erfüllen sie für die Pflanzen? Nenne das zugehörige Lebensmerkmal.

10. Nenne gemeinsame Merkmale des Lebens von Pflanzen und Tieren. Ziehe eine Schlussfolgerung.

11. Beobachte etwa 15 min lang dein Heimtier.
Schreibe auf, welche Lebensmerkmale du beobachtet hast.

12. Im Biologieraum befindet sich ein Aquarium mit Guppys. Täglich werden sie gefüttert. Beschreibe das Verhalten der Zierfische bei der Fütterung.

13. In welchen Berufen wird biologisches Wissen benötigt?
Begründe deine Aussagen.

14. Warum brauchst du selbst biologisches Wissen?

## Das Wichtigste auf einen Blick

**Kennzeichen des Lebens**
Die Biologie ist die Lehre vom Leben. Lebewesen unterscheiden sich in wesentlichen Kennzeichen von nicht Lebenden.

Lebewesen, z. B. Bakterien, Pilze, Pflanzen, Tiere, zeigen auf der Erde eine **große Mannigfaltigkeit.** Jedes einzelne Lebewesen jedoch hat ganz eigene individuelle Merkmale; es ist **einmalig.**

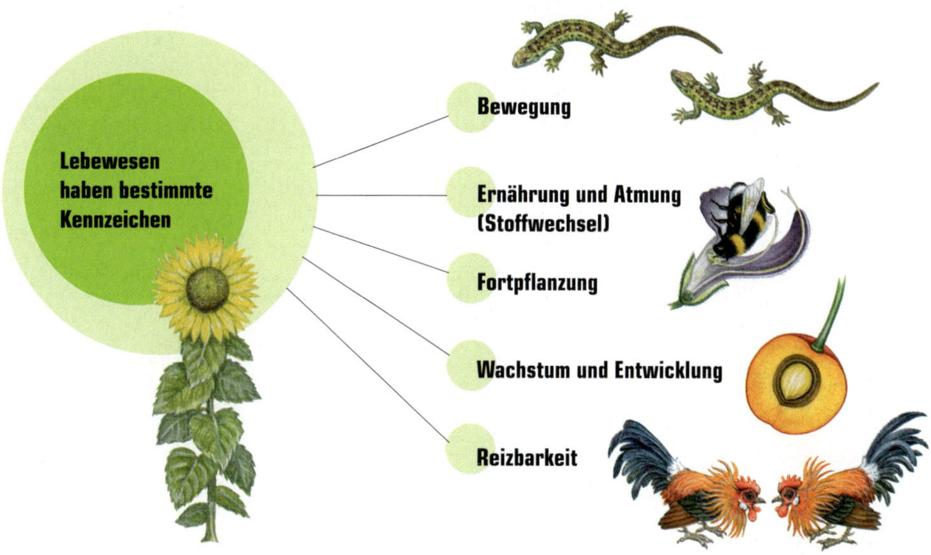


**Arbeitsgebiete**
Die Biologen untersuchen den Körperbau und die Lebensvorgänge bei den Lebewesen, z. B. bei Bakterien, Pilzen, Pflanzen, Tieren und dem Menschen.
Deshalb gibt es verschiedene **Teilgebiete der Wissenschaft Biologie,** z. B. Pflanzenkunde, Tierkunde und Menschenkunde.

**Arbeitsgeräte**
Für die Untersuchungen, Beobachtungen und Experimente benötigt man bestimmte Arbeitsgeräte, z. B. Lupen, Mikroskope, Fernglas sowie Scheren, Nadel und Pinzetten.

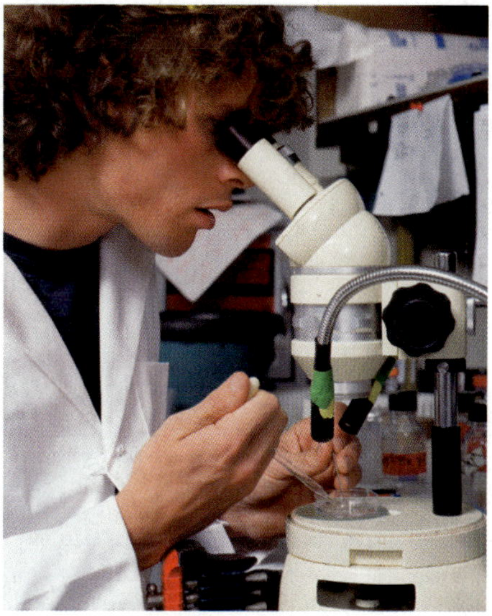

# 2 Wirbeltiere in ihren Lebensräumen

2

# 2.1 Fische – Wirbeltiere im Wasser

**20 600 verschiedene Fischarten** ⏩ Fische bilden die artenreichste Gruppe innerhalb der Wirbeltiere überhaupt. Es gibt weitaus mehr verschiedene Fischarten als es Säugetier-, Lurch- oder Vogelarten gibt.

**Salzig oder süß** ⏩ Fische findet man in den Tiefen des Ozeans oder in seichten Gebirgsflüssen. Einige leben nur im Salzwasser der Meere, andere wiederum nur im Süßwasser der Seen und Flüsse. Aber einige verbringen einen Teil ihres Lebens im Süßwasser und den anderen im Salzwasser. Dazu gehört beispielsweise der Lachs.

**Klein, groß, dick, dünn** ⏩ Es gibt winzig kleine, riesig große, unscheinbare, aber auch in den schönsten Farben leuchtende Fische. Sie alle sind an das Leben im Wasser gut angepasst.

## Fische im Süß- und im Meerwasser

*Fische bilden die artenreichste Wirbeltierklasse auf der Erde.*

In unseren heimischen Seen und Flüssen leben viele Fische. Zu den häufigsten **Süßwasserfischen** gehören *Plötze, Flussbarsch, Rotfeder, Schleie* (Abb.), *Karpfen, Forelle, Blei, Hecht* (Abb.), *Zander und Flussaal.* Auch der Lachs ist in Sachsens Flüssen wieder anzutreffen.

Viele Süßwasserfische sind beliebte **Speisefische.** Fische sind ein wertvolles Nahrungsmittel. Ihr Fleisch ist eiweißhaltig und leicht verdaulich. Du solltest auf deinem wöchentlichen Speiseplan Fisch nicht vergessen. Viele Fische werden deshalb auch gezüchtet.

### Friedfische und Raubfische im Teich und im See

#### Plötze (Rotauge)

Lebensraum: stehende und langsam fließende Gewässer, Brackwasser
Merkmale: rötliche Flossen, rote Augen (Name!), bis 30 cm
Nahrung: Wasserpflanzen, kleinste Wassertiere
Friedfisch

#### Rotfeder

Lebensraum: pflanzenreiche Teiche, Seen, langsam fließende Gewässer
Merkmale: rote Flossen, hochrückig, Augen mit gelbem Augenring, bis 40 cm
Nahrung: Pflanzen, Wasserinsekten
Friedfisch

#### Schleie

Lebensraum: langsam fließende Gewässer, stille Seen und Teiche
Merkmale: gedrungen, olivgrün, mit vielen kleinen Schuppen besetzt, abgerundete Flossen, am Maul Barteln, bis 60 cm
Nahrung: Würmer, Pflanzen, Insekten
Friedfisch

#### Flussbarsch

Lebensraum: nahrungsreiche Flüsse und Seen
Merkmale: stachlige vordere Rückenflosse, rote Flossen, dunkle Querstreifen, bis 50 cm
Nahrung: Würmer, kleine Fische
Raubfisch

2

Auch in den Meeren lebt eine Vielzahl von Fischen. Bekannte **Meeresfische** sind *Kabeljau, Hering, Scholle, Makrele* (Abb.), *Seelachs, Rotbarsch und Schellfisch.*

Der Mensch nutzt diese Fische ebenfalls für seine Ernährung. Modern ausgerüstete Fang- und Verarbeitungsschiffe sind unterwegs, um diese **Speisefische** aus dem Meer zu fischen. Durch die riesigen Mengen, die sie fangen, kommt es zur Überfischung. Dadurch ist der Bestand an Fischen in allen Meeren ständig zurückgegangen.

Seit wenigen Jahren ist besonders der *Kabeljau* durch Überfischung bedroht.

**Friedfische und Raubfische des Meeres**

**Kabeljau oder Dorsch**

Lebensraum: Nordatlantik, Nord- und Ostsee
Merkmale: olivbraun bis graugrün gefärbt und dunkel getupft, bis 1,50 m
Nahrung: Heringe und andere kleine Fische
Raubfisch

**Makrele**

Lebensraum: Westküste Europas, Mittelmeer, Schwarzes Meer
Merkmale: lang gestreckter torpedoförmiger Körper; 2 Rückenflossen; tief gegabelte Schwanzflosse; Rücken dunkelblau bis stahlblau; unregelmäßig geformte, breite, vertikale Streifen; bis 30 cm groß
Nahrung: kleine Schwarmfische, Kleinstlebewesen
Raubfisch

**Scholle**

Lebensraum: Boden der europäischen Küstengewässer
Merkmale: Plattfisch, passt sich durch Farbwechsel der Oberseite dem Untergrund an, Rücken- und Afterflossen bilden Flossensaum, bis 70 cm
Nahrung: Würmer, Krebse, Muscheln
Friedfisch

**Hering**

Lebensraum: in Schwärmen im Nordatlantik
Merkmale: Körper schlank, guter Schwimmer, Rücken schimmert blaugrün, Bauchseite silbrig, bis 35 cm
Nahrung: Kleinkrebse
Friedfisch

# Fische leben im Wasser

*Im Innern wird der Körper der Fische durch ein Knochenskelett gestützt. Da den Körper eine Wirbelsäule durchzieht, gehören Fische zu den Wirbeltieren.*

## Äußerer Bau und Fortbewegung

Viele Fische haben einen lang gestreckten, seitlich abgeflachten oder runden Körper, der zum Kopf- und Schwanzende hin etwas zugespitzt ist.

Diese Art der **Körperform** heißt stromlinienförmig bzw. spindelförmig. Sie ist für die Fortbewegung im Wasser günstig, da dem Wasser wenig Widerstand entgegengesetzt wird. Fische können deshalb ohne großen Kraftaufwand durch das Wasser gleiten (Abb. 1).

Wenn man einen Fisch genauer betrachtet, kann man feststellen, dass sein Körper in **Kopf**, **Rumpf** und **Schwanz** gegliedert ist. Des Weiteren findet man mehrere **Flossen** (Abb. 2).

Der Schwanz und die verschiedenen Flossen haben unterschiedliche Aufgaben zu erfüllen. Die schlängelnde Bewegung des Körpers erfolgt durch Hin- und Herschlagen der Schwanzflosse.

Die *Rückenflosse* und die *Afterflosse* dienen der Aufrechthaltung des Körpers im Wasser. *Brust-* und *Bauchflossen*, die jeweils paarweise vorhanden sind, bewirken als Höhen- und Seitenruder die Steuerung der Bewegung oder dienen dem Abbremsen der Bewegung.

Bei vielen Fischen enthält die **Haut** dachziegelartig angeordnete **Schuppen**. Die oben liegende Oberhaut sondert Schleim ab.

1 ▸ Die Spindelform bietet dem vorbeiströmenden Wasser wenig Widerstand.

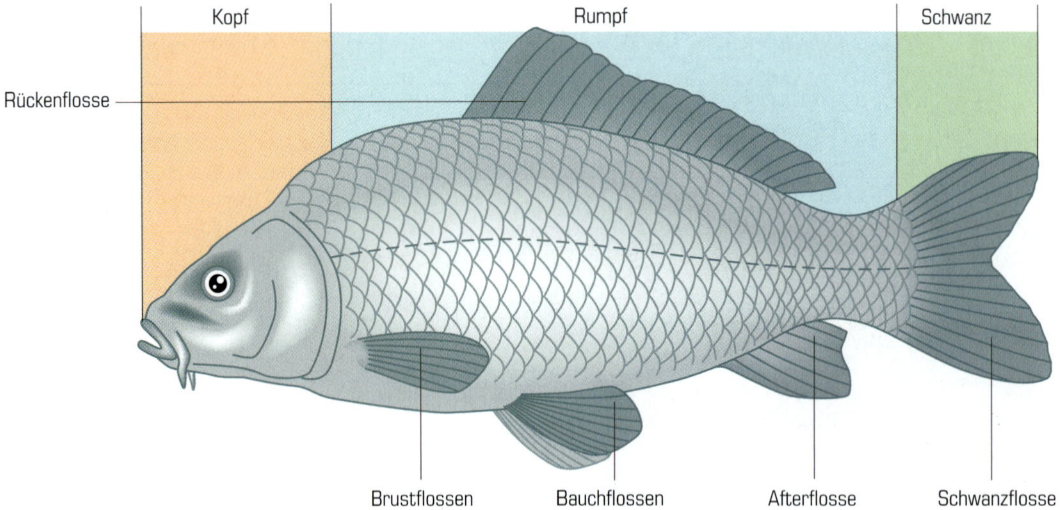


2 ▸ Äußerer Bau eines Fisches (schematisch)

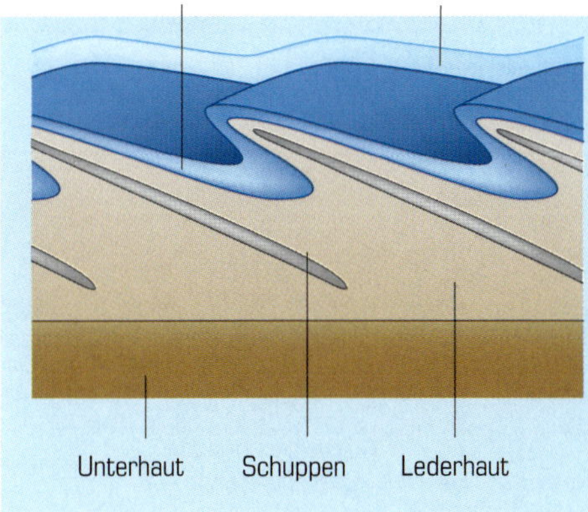


1 ▸ Aufbau einer Fischhaut (Schema)

2 ▸ Bau einer Schuppe (Schema) und Original

*Die Schuppen verraten das Alter der Fische.*

3 a ▸ Schuppen vom Lachs b ▸ Schuppen vom Rotbarsch c ▸ Schuppen von der Dorade

Die Oberhaut macht die Körperoberfläche dadurch schleimig und schlüpfrig (Abb. 1).

Die Schuppen sind zarte Knochenplättchen. Sie schützen den Fischkörper vor äußeren Einflüssen.

Wenn man Schuppen genauer mit einer Lupe betrachtet, so kann man Einzelheiten ihres Baues erkennen (Abb. 2). Man sieht beispielsweise auf den Schuppen engere und weitere Ringe. Es sind „Jahresringe“.

Die Schuppen wachsen mit dem Fisch mit, im Sommer schneller (weite Ringe) als im Winter (enge Ringe). Nach der Anzahl der „Jahresringe“ können Wissenschaftler das ungefähre Alter der Fische bestimmen.

Die Schuppen von verschiedenen Fischen, z. B. *Lachs, Rotbarsch, Dorade,* unterscheiden sich in der Form, der Größe und Färbung (Abb. 3 a, b, c). An den Schuppen kann man also die Fische erkennen.

Selbst an einem Fisch sind die Schuppen von Rücken- und Bauchseite sowie vom Schwanz in Größe, Form und Färbung verschieden.

**Fische haben einen stromlinienförmigen Körper. Für die Fortbewegung besitzen sie Flossen. Bedeckt ist der Fischkörper mit einer Schleimschicht und dachziegelartig übereinander liegenden Schuppen.**

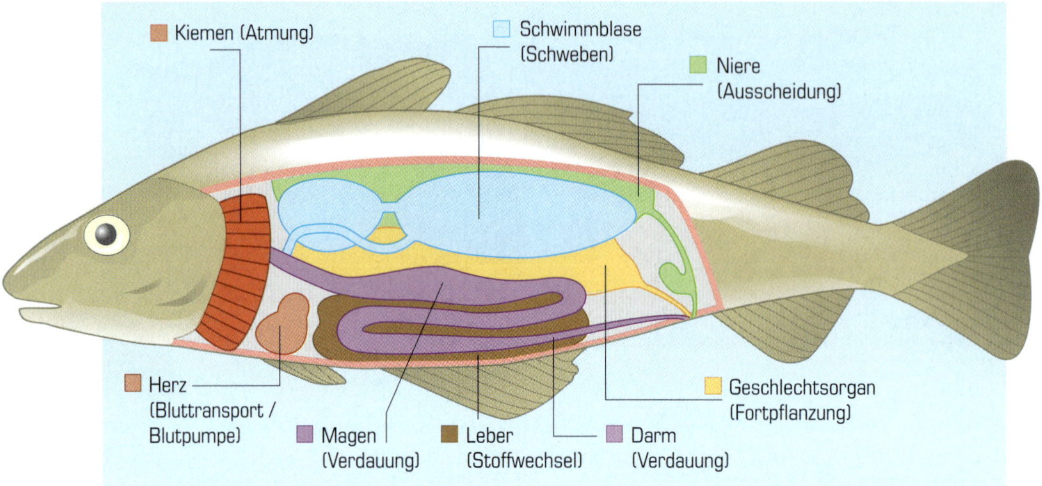


1 ▸ Innere Organe eines Fisches (schematisch)

*Mit der Schwimmblase wird auch der Körperinnendruck an den Wasseraußendruck angeglichen.*

## Innerer Bau und Kiemenatmung

Wenn man einen Fisch zerlegt, kann man die **inneren Organe** erkunden (Abb. 1). Diese Organe dienen wichtigen Lebensfunktionen: Magen und Darm der Ernährung und Verdauung, Geschlechtsorgane der Fortpflanzung, Kiemen der Atmung, Nieren der Ausscheidung, Schwimmblase dem Schweben im Wasser.

Wie alle Lebewesen benötigen auch die Fische Sauerstoff zum Leben. Der für die **Atmung der Fische** notwendige Sauerstoff ist im Wasser gelöst.

Beobachtet man einen Fisch im Aquarium, so erkennt man, dass er regelmäßig das Maul öffnet und schließt. Beim Schließen heben sich gleichzeitig kleine Deckel an den Kopfseiten. Unter diesen Deckeln liegen geschützt die Atmungsorgane der Fische, die **Kiemen** (Abb. 1, 2 und 3). Die Deckel heißen deshalb **Kiemendeckel.**

Eine Kieme besteht aus zahlreichen zweilappigen, dünnhäutigen Kiemenblättchen. Sie sitzen am Kiemenbogen.

2 ▸ Kiemen einer Forelle

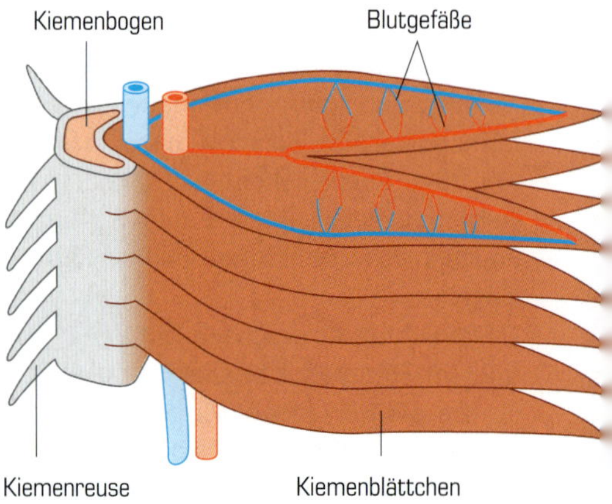


3 ▸ Aufbau einer Einzelkieme

In den Kiemenblättchen befinden sich sehr viele feine Blutgefäße.

Im Bereich der Mundhöhle besitzt der Kiemenbogen dornartige Fortsätze, die die Kiemenreuse bilden. Sie filtern feste Teilchen aus dem Wasser und führen sie dem Schlund und der Speiseröhre zu.

Die Fische entnehmen mithilfe der Kiemen den Sauerstoff aus dem Wasser. Dazu öffnen und schließen sie in regelmäßigen Abständen ihr Maul.

Schließt der Fisch die Kiemendeckel und öffnet das Maul, strömt sauerstoffreiches Wasser in die Mundhöhle, von dort in die Kiemenhöhlen und an den Kiemen vorbei (Abb. 1). An der Oberfläche der Kiemenblättchen wird der Sauerstoff von den Blutgefäßen aus dem Wasser aufgenommen und in den Körper transportiert. Gleichzeitig wird Kohlenstoffdioxid aus dem Blut an das Wasser abgegeben. In den Kiemen findet also ein **Gasaustausch** statt.

Dieses mit Kohlenstoffdioxid angereicherte Wasser wird nun bei geschlossenem Maul und geöffneten Kiemendeckeln aus den Kiemenhöhlen herausgepresst (Abb. 2).

*Sauerstoff und Kohlenstoffdioxid sind Bestandteile der Luft und wie die Luft gasförmig (Gase).*

M

**Fische atmen durch Kiemen. In den Kiemenblättchen findet der Austausch von Sauerstoff und Kohlenstoffdioxid statt. Dabei wird der Sauerstoff vom Blut aufgenommen und in alle Teile des Körpers gebracht. Das Kohlenstoffdioxid wird an das Wasser abgegeben.**

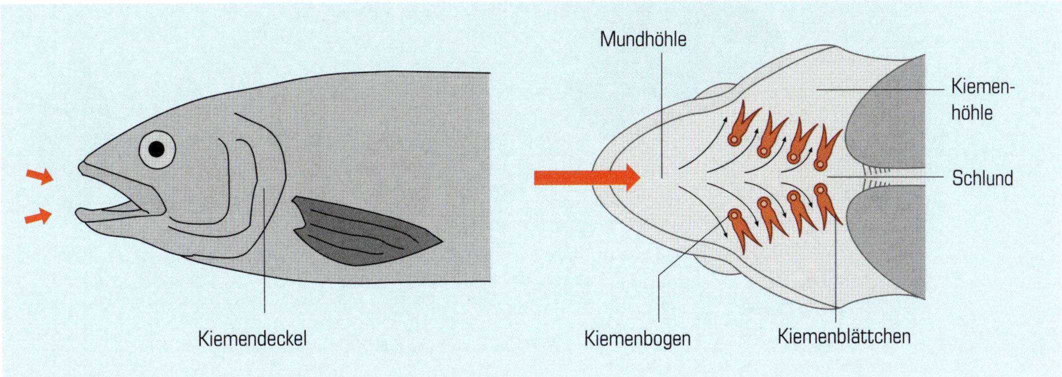


1 ▸ Einströmen des Wassers in das Maul des Fisches (äußere und innere Ansicht)

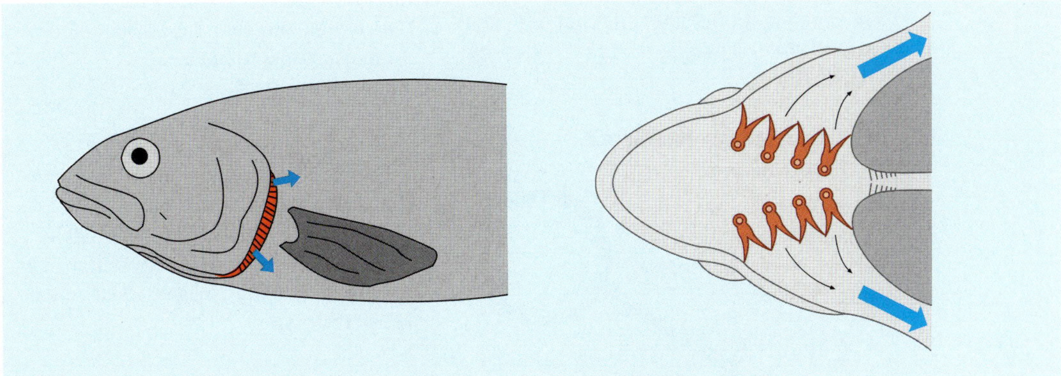

2 ▸ Ausströmen des Wassers aus den Kiemenhöhlen (äußere und innere Ansicht)

## Experimente • Untersuchungen

### 1. Untersuche den äußeren Bau eines Fisches und die Kiemenbögen.

*Materialien:*
Fisch, Präparierbesteck, Lupe, Zeichenpapier, Unterlage (Präparierschale), Bleistift

*Durchführung und Beobachtung:*
1. Betrachte den äußeren Bau des Fisches. Nutze dazu auch die Lupe.
   Skizziere seinen Körperumriss und zeichne die erkannten Teile ein. Beschrifte deine Zeichnung.
2. Entferne mit der Schere den Kiemendeckel. Betrachte mit der Lupe die darunter liegenden Kiemenbögen.
   Beschreibe die Kiemenbögen.

*Auswertung:*
1. Begründe, warum viele Fischarten eine spindelförmige Körperform haben.
2. Nenne die Funktionen der erkannten Teile des Fisches.
3. Die Kiemenblätter sind zart und dünn. Begründe diese Aussage.

*Hinweis:*
Sollen nur die Kiemenbögen untersucht werden, dann besorge dir vom Fischgeschäft einen Fischkopf. Führe dann nur Punkt 3 aus.

### 2. Untersuche den Feinbau von Fischschuppen.

*Materialien:*
Schuppen verschiedener Fische, Lupe, Zeichenpapier, Pinzette

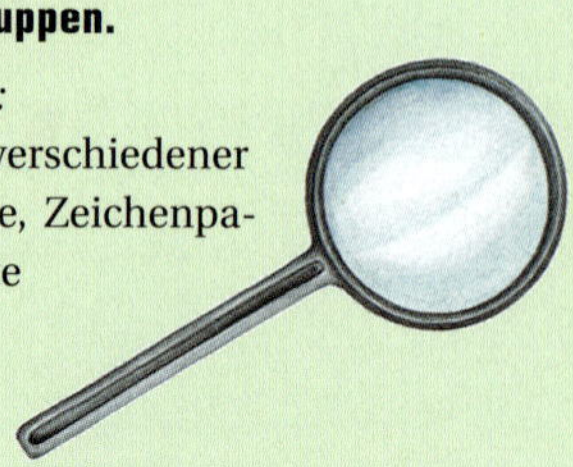

*Durchführung und Beobachtung:*
1. Betrachte mit bloßem Auge die Schuppen verschiedener Fischarten. Welche Unterschiede kannst du feststellen?
2. Betrachte die Fischschuppen mit einer Lupe. Was kannst du erkennen?
3. Zeichne die Fischschuppen und beschrifte die erkannten Teile.

*Auswertung:*
1. Beschreibe die Haut eines Fisches.
2. Welche Bedeutung haben die Schuppen für den Fisch?

### 3. Untersuche, wie verschieden geformte Körper im Wasser sinken.

*Materialien:*
großer, schlanker Messzylinder, Stoppuhr, 4 verschieden geformte Körper aus Knete von gleicher Masse

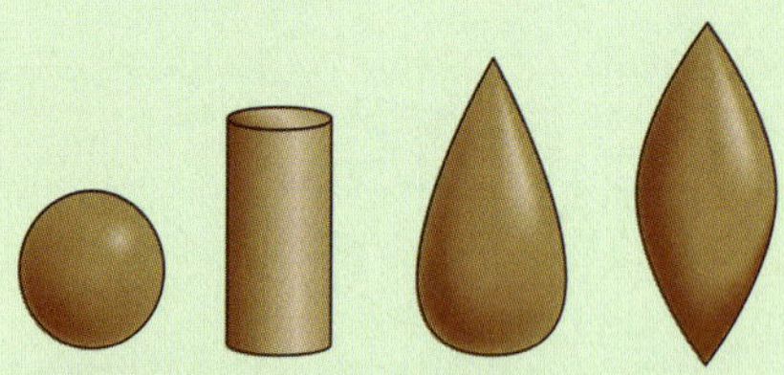


*Durchführung und Beobachtung:*
1. Lass jeweils die verschieden geformten Körper im wassergefüllten Messzylinder sinken.
2. Miss mithilfe der Stoppuhr die Zeit vom Eintauchen bis zum Absinken auf den Boden des Messzylinders.
3. Notiere die jeweilige Sinkzeit.

*Auswertung:*
1. Vergleiche die Messergebnisse. Begründe die Unterschiede.
2. Ziehe aus den Ergebnissen Schlussfolgerungen in Bezug auf die Körperformen der Fische und ihre Angepasstheit an das Leben im Wasser.

## Ernährung der Fische

Ist der *Hecht* auf Beutefang, so hält er sich zwischen dem ufernahen Pflanzenbewuchs auf und verharrt dort regungslos. Er kann bereits kleinste Wasserbewegungen wahrnehmen, die andere Fische beim Schwimmen verursachen. Nähert sich ein Fisch, kann der Hecht blitzschnell aus seinem Versteck hervorstoßen und das Beutetier ergreifen. Sein mit spitzen Zähnen besetzter Kiefer dient dem Festhalten und Verschlingen der Beute.

Der Hecht ist ein **Raubfisch,** da er sich von anderen Fischen, aber auch von Fröschen oder jungen Wasservögeln ernährt.

*Flussbarsch* (Abb. S. 20), *Rotbarsch, Forellen, Lachs* (Abb. S. 32) *und Kabeljau* (Abb. S. 21) sind ebenfalls Raubfische. Sie haben meist einen schmalen Kopf mit leistungsstarken Augen sowie Kiefer mit spitzen Zähnen.

Die *Plötze* (Abb. S. 20) hat Kiefer ohne Zähne. Sie ernährt sich von Pflanzenteilen, Schnecken, Würmern, Algen und Kleintieren des Gewässers wie Wasserflöhen und Insektenlarven. Sie zählt daher bezüglich ihrer Ernährung zu den **Friedfischen.**

Zu ihnen gehören auch *Schleie, Rotfeder* (Abb. S. 20), *Hering* (Abb. S. 21) und *Karpfen.* Der Kopf der Friedfische ist oftmals breit.

*An der Kopfform und an den Zähnen kann man erkennen, wie sich die Fische ernähren.*

Friedfische dienen den Raubfischen oft als Nahrung. So entstehen in einem Gewässer **Nahrungsbeziehungen** (Abb. 1). Am Anfang dieser Beziehungen stehen immer Grünalgen und andere Wasserpflanzen. Diese dienen Kleintieren (z. B. Wasserflöhen) als Nahrung, von denen sich wiederum die Friedfische ernähren. So entstehen **Nahrungsketten** bzw. Nahrungsnetze.

**In Bezug auf den Nahrungserwerb können Fische in die Gruppen Raubfische und Friedfische eingeteilt werden. Fische sind wichtige Glieder in Nahrungsketten.**

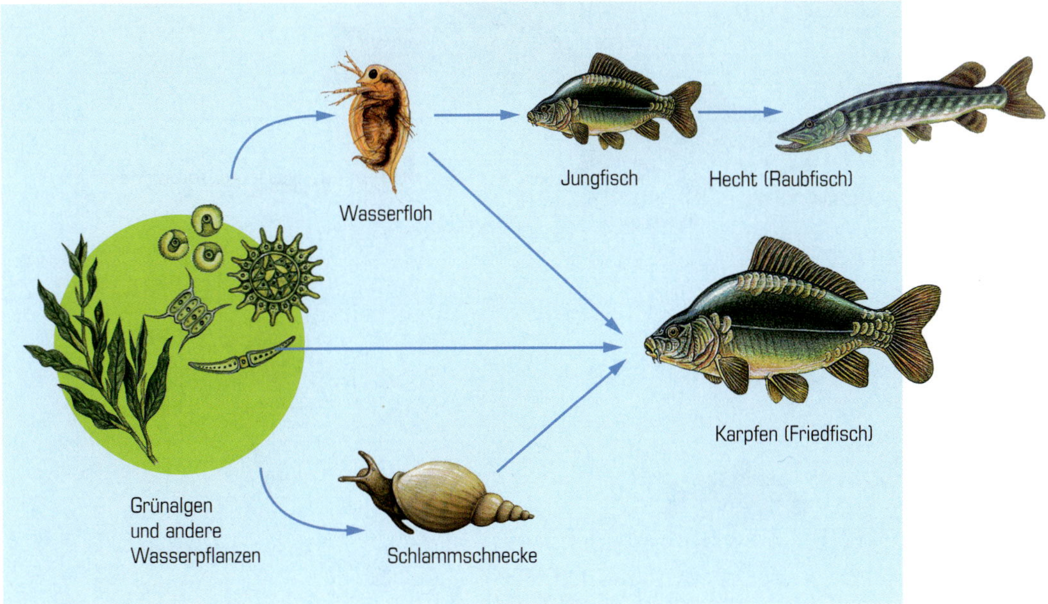


1 ▸ Nahrungsbeziehungen in einem Gewässer

## Fortpflanzung und Entwicklung der Fische

*Es gibt auch Fische, die lebende Jungen zur Welt bringen. Dazu gehören z. B. Guppys.*

Im Frühjahr bzw. Frühsommer begeben sich die Fischweibchen und -männchen meist paarweise an bestimmte Plätze im Wasser. Dort legt das **Weibchen** seine Eier (Rogen) ab. Das **Männchen** spritzt nun über diese Eier seine Samenflüssigkeit (Milch). In der milchigen Samenflüssigkeit befinden sich viele Samenzellen.

Je eine Samenzelle dringt in ein Ei (Eizelle) ein. Ei- und Samenzelle verschmelzen miteinander. Dieser Vorgang wird **Befruchtung** genannt. Man sagt dann, die Eizelle ist befruchtet.

Da die Befruchtung außerhalb des weiblichen Körpers stattfindet, nennt man sie **äußere Befruchtung** (Abb.).

Bei den meisten Fischen schlüpfen nach einigen Tagen aus den befruchteten Eiern kleine **Fischlarven**. Diese haben noch einen Dottersack am Bauch. Er dient den Fischlarven ca. 2 Wochen zur Ernährung. Die Flossen bilden noch einen geschlossenen Flossensaum. Die Fischlarven wachsen heran und entwickeln sich zu **Jungfischen.**

Die Jungfische entwickeln sich zu **geschlechtsreifen Fischen** (Abb.).

**Die Fortpflanzung und Entwicklung der Fische findet im Wasser statt. Aus der befruchteten Eizelle entwickelt sich eine Fischlarve. Sie entwickelt sich zum Jungfisch und dieser zum geschlechtsreifen Fisch.** (M)

Auch die Fische zeigen ein arttypisches **Fortpflanzungsverhalten.**

Beim *Dreistachligen Stichling* (Abb. 1 und 2, S. 29) beispielsweise kann man im Frühjahr ein typisches Fortpflanzungs- und Revierverhalten beobachten.

In der Zeit der Fortpflanzung weist das Männchen eine kräftige Körperfärbung auf. Es hält sich in einem bestimmten Gebiet auf, aus welchem es andere Männchen vertreibt.

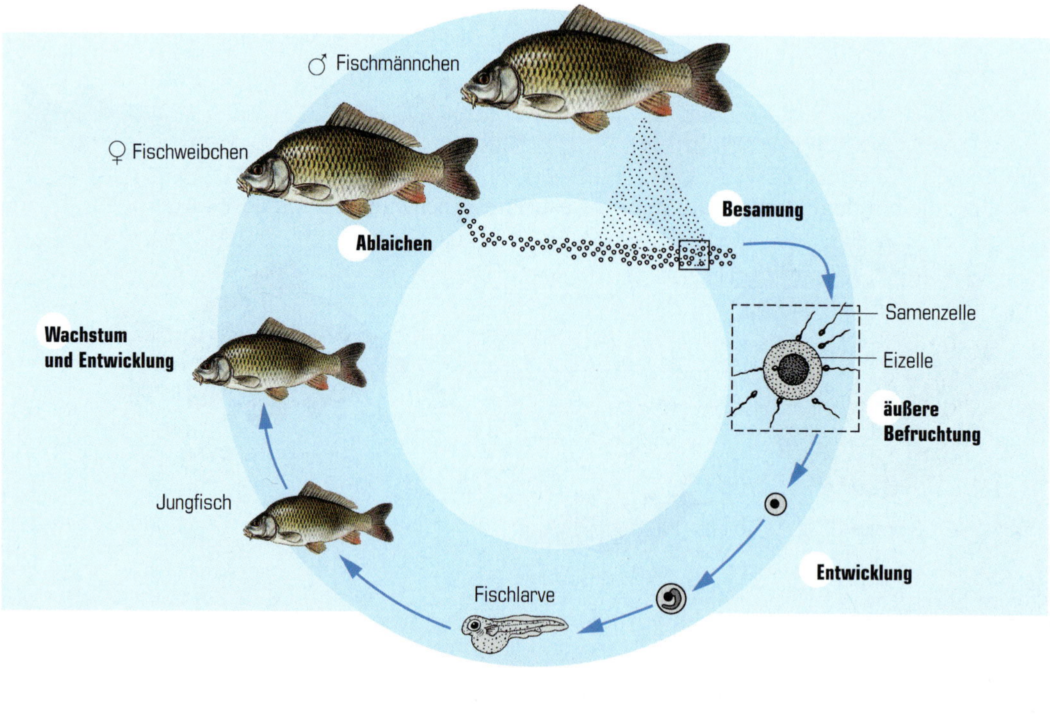

1 ▸ Fortpflanzungsverhalten und Brutpflege des Dreistachligen Stichlings

Es ist sein Revier, das es sich zum Zwecke der Brutpflege gesucht hat. Aus Pflanzenteilen, die mit dem Maul zusammengetragen und mit einem Stoff verklebt werden, wird ein röhrenförmiges Nest in eine kleine Sandgrube gebaut.

2 ▸ Dreistachliger Stichling

Kommt ein Weibchen, so versucht das Männchen es dazu zu bringen, in die Neströhre zu schwimmen, um dort abzulaichen. Danach schwimmt das Männchen in das Nest, gibt Samenzellen über die Eier.

Die Eier werden befruchtet. Während das Weibchen nun das Revier verlässt, bleibt das Männchen bei den Eiern. Es bewacht sie und fächelt ihnen mit den Flossen frisches Wasser zu. Aus den befruchteten Eiern schlüpfen Fischlarven. Sie wachsen und entwickeln sich zu jungen Stichlingen. Sie werden etwa 2 Wochen vom Männchen bewacht.

Es gibt bei manchen Fischen also eine **Brutpflege**.

## Schutz der Gewässer und der darin lebenden Fische

*Den Freistaat Sachsen durchfließen viele Flüsse, z. B. Mulde, Pleiße und die Elbe mit ihren vielen kleinen Nebenarmen.*

Die meisten Flüsse Sachsens sind noch recht naturnah, d. h., sie sind noch nicht so begradigt und ausgebaut wie in vielen anderen Bundesländern. Deshalb bieten sie Fischen eigentlich einen guten Lebensraum.
Trotzdem ist der Fischbestand auch in Sachsen zurückgegangen. Insgesamt stehen 28 Fischarten in der **roten Liste** für bedrohte Tierarten. 9 Fischarten gelten in Sachsen als ausgestorben und 6 Arten sind vom Aussterben bedroht. Dazu gehören z. B. *Steinbeißer, Bachneunauge* und *Quappe.*

**Was sind die Ursachen für diese Entwicklung?**
Durch Industrieabwässer, Flussbegradigungen, Stauanlagen, Talsperren, Schifffahrt und Freizeit haben sich die Bedingungen für die Fische in den Gewässern sehr verändert.

Um den Schiffstransport einfacher zu gestalten, wurden natürliche Flussläufe begradigt, betoniert und Staustufen, Schleusen oder Wehre errichtet. Dieser **Gewässerausbau** hatte aber zur Folge, dass die Uferregionen für die Fische nicht mehr als Laichplätze zur Verfügung standen.

Viele **Schadstoffe** belasten die Gewässer und führen zu einer Abnahme der Fischbestände. Zu den Schadstoffen zählen *giftige Stoffe* wie Schwermetalle (z. B. Blei, Quecksilber), *Waschmittel* oder *Insektenvernichtungsmittel.*

Sie gelangen mit ungereinigten Abwässern aus den Haushalten und Industrieanlagen sowie der Landwirtschaft oder mit den Niederschlägen in die Gewässer. Dadurch werden Fische entweder direkt vergiftet oder sie werden krank.

Auch zu viele **Nährstoffe** belasten die Gewässer. Phosphate oder Stickstoffverbindungen sind Düngemittel, die die Pflanzen für ihre Entwicklung benötigen. Diese gelangen beim Düngen oft in die Gewässer. Das ist günstig für die Algen. Sie haben genügend Nährstoffe und vermehren sich massenhaft. Man spricht dann von der „Algenblüte“.

Die große Masse der Algen kann von den Pflanzen fressenden Tieren nicht verzehrt werden. Die Algen sterben ab, sinken schließlich zu Boden und werden von Bakterien zersetzt. Dabei wird Sauerstoff verbraucht. Dadurch sinkt der Sauerstoffgehalt des Wassers. Viele Fische können dies nicht überleben, sie sterben.

Der **Freizeitsport** belastet die Gewässer ebenfalls. Durch Motorboote und auch durch die Badenden werden Laichplätze und Aufenthaltsplätze von Fischen und anderen Tiere beeinträchtigt. Viele Erholungssuchende meinen außerdem, Gewässer wären Müllablageplätze.

**Was kann man dagegen tun?**

Die **Sauberhaltung der Gewässer** gehört zu den wichtigsten Maßnahmen. Dafür gibt es auch in Sachsen *gesetzliche Bestimmungen zum Schutz der Gewässer.*

Es wurden u. a. viele *Kläranlagen* (Abb. 1) gebaut, die die Abwässer von Haushalt und Landwirtschaft reinigen. Erst dann werden sie in die Gewässer eingeleitet. Auf diese Weise hat man es geschafft, die Qualität der Gewässer stark zu verbessern.

Im Jahr 1991 musste noch bei mehr als der Hälfte der Flüsse eingeschätzt werden, dass sie stark bis übermäßig verschmutzt waren. Schon 1997 lag dieser Anteil nur noch bei 6 Prozent.

Das Ziel besteht aber darin, bei allen Flüssen eine gute Wasserqualität (Gewässergüteklasse II) zu erreichen. Erst bei 27 Prozent der Hauptfließgewässer ist das der Fall. Deshalb werden in den nächsten Jahren weiterhin große Anstrengungen unternommen.

Das *„Fischereigesetz"* regelt u. a. das Fangen von Fischen. Einige Fische dürfen während der Fortpflanzungszeit nicht gefangen werden. Sie haben eine **Schonzeit** (Tab.).

Binnenfischerei und auch die Angler müssen die Bestimmungen über die **Mindestfanggrößen** und über die Höhe der **Fangmengen** der Fische einhalten. Auch solche Festlegungen tragen zum Schutz und zur Sicherung des Fischbestandes in den Gewässern bei.

Um den Fischbestand zu sichern, kann man in **Brutanstalten** aus Fischeiern Jungfische aufziehen.

Diese können dann in Gewässern, z. B. in Flüssen, Seen und Küstengewässern, ausgesetzt werden.

Auf diese Weise wurde beispielsweise der *Lachs* wieder erfolgreich in der Elbe angesiedelt.

**Schonmaße und Schonzeiten einiger Fische**

| Fische | Schonmaße | Schonzeiten |
|---|---|---|
| Seeforelle | 60 cm | 01.09. – 31.03. |
| Bachsaibling | 28 cm | 01.10. – 30.04. |
| Seesaibling | 28 cm | 01.09. – 30.04. |
| Bachforelle | 30 cm | 01.10. – 30.04. |
| Äsche | 28 cm | 01.01. – 15.06. |
| Groppe | | ganzjährig |
| Zander | 50 cm | 01.02. – 30.04. |
| Lachs | 60 cm | 01.10. – 30.04. |
| Hecht | 50 cm | 01.02. – 30.04. |
| Wels | 80 cm | 01.02. – 30.06. |

1 ▸ In Klärwerken werden die Abwässer in mehreren Stufen gereinigt.

Auch **jeder Einzelne** kann zum Schutz der Fische durch ein umweltbewusstes Verhalten beitragen.

Beispielsweise darf man die Uferzonen mit Schilf nicht betreten, Plastiktüten, Flaschen und Blechdosen nicht in die Gewässer werfen. Mit allen Haushaltschemikalien muss jeder sorgsam umgehen.

**Die Erhaltung der natürlichen Lebensräume ist der beste Schutz der Fische.** M

## Der Lachs – ein Wanderfisch wird in der Elbe wieder angesiedelt

Manche Fische unternehmen weite Wanderungen, um geeignete Nahrungs- oder Laichgebiete zu erreichen. Zu diesen Wanderfischen gehören bespielsweise der *Flussaal* und der *Lachs.*

Lebensraum des Lachses war von jeher die Elbe. Der *Atlantische Lachs* hatte früher sogar wirtschaftliche Bedeutung. Er wurde nämlich als Speisefisch für die herrschaftlichen Häuser genutzt. Deshalb bezeichnete man ihn auch als „Herrenfisch".
1642 wurden z. B. im Lachsfanggebiet Dessau ca. 4 904 Lachse gefangen. Im Durchschnitt wog jeder Lachs etwa 4,1 kg.
In der zweiten Hälfte des 19. Jahrhunderts ging der Ertrag deutlich zurück, 1947 wurde der letzte Elblachs gefangen.

Die **Ursachen** dafür lagen u. a. in der Zerstörung ihrer Lebensräume und in der Verschmutzung der Gewässer. Lachse benötigen zum Überleben ganz sauberes Wasser. Jetzt gibt es ein **„Wiedereinbürgerungsprogramm"** für Lachse.

*Laichreife Lachse sind nach Sachsen zurückgekehrt.*

*Bei den männlichen Lachsen ist der Unterkiefer an der Spitze aufwärts gebogen. Sie werden auch Lachsmilchner genannt, weil sie Spermien (Milch) zur Befruchtung der Eier (Rogen) bilden.*

**Warum gerade Lachse?**
Lachse können nur in solchen Gewässern leben, die eine sehr gute Wasserqualität haben.
Wenn in Sachsens Flüssen und Bächen Lachse leben, weiß man, diese Gewässer sind sauber und durchgängig. Auch das ist für Wanderfische wichtig. Denn sie legen zu ihren Laichgewässsern sehr lange und beschwerliche Strecken zurück. Sind diese durch Wehre und Staustufen blockiert, können sie nicht in die Laichgewässer gelangen und sich auch nicht fortpflanzen.

**Wie kann man Lachse wieder ansiedeln, wenn es keine natürlichen Vorkommen mehr gibt?**
Dazu sind viele kleine Schritte notwendig. Zunächst musste die **Gewässerqualität** der Flüsse verbessert werden. Durch Kläranlagen, strenge Auflagen für Betriebe, ihre Abwässer zu reinigen, und durch die Kontrolle dieser Auflagen hat man in Sachsen schon eine Menge erreicht. Es gibt kaum noch stark verschmutzte Gewässer.

Als nächstes wurden 1993 **Fischwanderhilfen** an den Stauwehren in der Nähe der Laichgewässer errichtet. Damit sind die Flüsse für die Lachse jetzt durchgängig.

Da es keine Elblachse mehr gab, wurden ähnliche Fische auf der Welt gesucht. Diese Fische mussten in der Lage sein, die lange Wanderung im Süßwasser zu bewältigen, Schließlich entschied man sich u. a. für eine **Wildlachsbrut** des westschwedischen Langanflusses. Im Frühjahr 1995 wurde die erste Brut ausgesetzt.

3 Jahre verbleiben die Junglachse im Süßwasser. Erreichen sie eine Länge von 15 bis 20 cm, verändern sie ihre Farbe und wandern in den Nordatlantik. Sie halten sich etwa 2 bis 5 Jahre im Meer auf, dann treten sie den Rückweg in ihre Heimatgewässer an. 1999 sind die ersten laichreifen Lachse nach ihrer Wanderung in die Elbe zurückgekehrt.

2

## Erschließungsfeld

### Struktur und Funktion

Fische sind im Wasser lebende Wirbeltiere mit typischen Merkmalen.
1. Erstelle mithilfe folgender Tabelle einen „Steckbrief" zu den Fischen.

| | **Merkmale** |
|---|---|
| Körperform | |
| Gliedmaßen | |
| Fortbewegung | |

Körper, die sich im Wasser bewegen, müssen einen Strömungswiderstand überwinden. Die Größe des Widerstandes wird bestimmt von der **Körperoberfläche,** der **Körperform** und der **Schwimmtechnik.**

2. Begründe die besondere Eignung der Körperoberfläche von Fischen für eine schnelle Fortbewegung im Wasser.

3. Welcher der folgenden Körper entspricht der Körperform der Fische? Begründe deine Zuordnung.

4. Nenne weitere im Wasser lebende Tierarten mit einer ähnlichen Körperform.

5. Beschreibe technische Konstruktionen, bei denen auch diese Körperform gezielt genutzt wird.

Die aktive Schwimmbewegung entsteht bei Fischen durch das wellenförmige Schlagen mit der Schwanzflosse. Dadurch wird ein Druck auf das Wasser ausgeübt. Diese Bewegung ist vergleichbar mit der Fußbewegung eines Schwimmers beim Kraulen.

6. Warum aber erreicht ein trainierter Sportler eine Schwimmgeschwindigkeit von nur 7 km/h und ein Hai dagegen von bis zu 75 km/h?

**Zusammenfassung:**

Lebewesen (Fische) weisen eine enge Beziehung zwischen der **Struktur** und der **Funktion** von Körperteilen auf.

Dieses biologische Prinzip gilt für alle Lebewesen. Wir werden die Beziehung zwischen Struktur und Funktion beim Kennenlernen anderer Organismen ständig anwenden.

M

**Die Struktur beschreibt den Bau eines Körperteils und die Funktion beschreibt dessen Aufgabe.**

## Erschließungsfeld

### Angepasstheit

Warum können Fische nur im Wasser leben?

1. Ordne mithilfe der folgenden Tabelle den Lebenserscheinungen bzw. Baumerkmalen der Fische die entsprechende Bedeutung zu.

| | Merkmale | Bedeutung |
|---|---|---|
| Körperform | | |
| Körperbedeckung | | |
| Fortbewegungsorgane | | |
| Atmungsorgane | | |
| Fortpflanzung / Entwicklung | | |

2. Begründe die Merkmale von Fischen als vorteilhaft im Lebensraum Wasser.

3. Welche Merkmale müssten sich beim Übergang zum Landleben bei den Lurchen deiner Meinung nach ändern? Begründe.

M

**Die Angepasstheit beschreibt die vielfältigen Körpermerkmale von Organismen, die ihnen das Leben im jeweiligen Lebensraum ermöglichen.**

**Zusammenfassung:**
Die Baumerkmale und Lebensweise der Fische spiegeln die Bedingungen der Lebensräume im Wasser wider.

### Vielfalt (Variablilität)

1. Informiere dich über die Ernährung und die Lebensweise der abgebildeten Riff-Fische.

Rochen

Papageifisch

Putzerfisch

Zackenbarsch

2. Vergleiche die Fische hinsichtlich des äußeren Baus, der Ernährung und der Lebensweise. Formuliere eine Schlussfolgerung.

M

**Die Vielfalt beschreibt die Übereinstimmung von Hauptmerkmalen und das Abweichen von Einzelmerkmalen bei Lebewesen einer Art.**

**Zusammenfassung:**
Tiere einer Art haben gemeinsame (arttypische) Merkmale, die sie von anderen Arten unterscheiden.
Diese biologischen Prinzipien gelten für alle Lebewesen. Wir werden auch bei anderen Organismen ihre Angepasstheit und Variabilität untersuchen.

2

## Teste dich selbst!

1. Beschreibe den äußeren Bau von Fischen. Erläutere daran die Anpassung an das Leben im Wasser.

2. Nenne die verschiedenen Flossen der Fische und ihre jeweilige Funktion.

3. Der Mensch hat für den Bau verschiedener Land-, Wasser- und Luftfahrzeuge unterschiedliche Körperformen von Fischen nachgeahmt.
Nenne und beschreibe einige Fahrzeuge. Vergleiche sie mit Fischen und ziehe eine Schlussfolgerung.

4. Untersuche die Bauchhöhle eines Fisches!
*Materialien:*
Fisch, Präparierbesteck, Unterlage
*Durchführung und Beobachtung:*
   a) Schneide mit der Schere einen Fisch entlang der Mittellinie des Bauches vom After bis zum Kiemendeckel auf (1).
   b) Führe den Schnitt am Kopf hinter dem Kiemendeckel bis zur Seitenlinie weiter aus (2).
   c) Schneide dann vom After bis zur Seitenlinie (3).
   d) Trenne zum Schluss die Bauchhaut entlang der Seitenlinie ab (4).

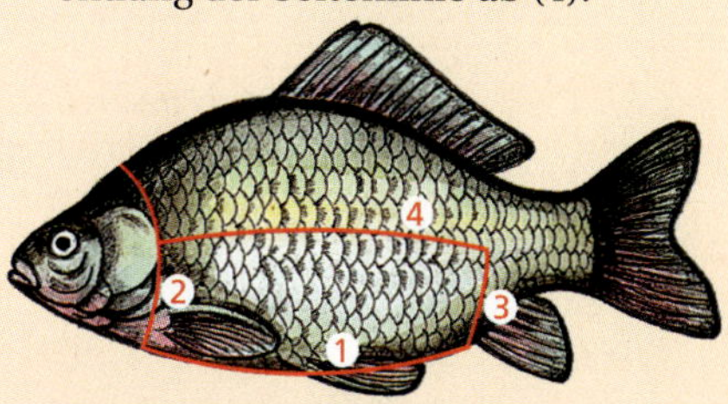


   e) Betrachte und beschreibe die Lage der inneren Organe. Nimm Abbildung 1 auf S. 24 zur Hilfe.

*Auswertung:*
Welche Funktionen erfüllen die inneren Organe? Fertige dazu eine Tabelle an.

5. Die Abbildung veranschaulicht die inneren Organe eines Fisches. Ordne den Ziffern die entsprechenden Organe zu.

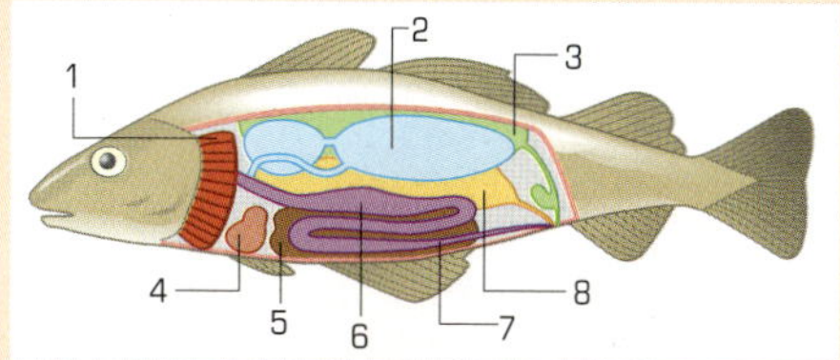


6. Auf der S. 27 sind Nahrungsbeziehungen in einem Gewässer dargestellt. Beschreibe die Nahrungsbeziehungen.

7. Nach der Art ihrer Nahrung werden Fische in zwei Gruppen eingeteilt.
   a) Nenne diese Gruppen und ordne jeder Gruppe zwei Fischarten zu.
   b) Stelle in einer Tabelle Merkmale dieser Fischgruppen gegenüber, die ihre Angepasstheit an die Nahrung zeigen.
   c) Erläutere diese Angepasstheit.

8. Beobachte die Atmungsbewegungen an Aquarienfischen. Vergleiche sie mit den Abbildungen auf der S. 25.
Beschreibe die Atmung der Fische.

9. Beschreibe die Fortpflanzung und Entwicklung eines Fisches. Nutze dazu die Abbildung auf S. 28.

10. Der Flussaal gehört neben dem Lachs zu den Wanderfischen. Bereite einen Vortrag über die Lebensweise, Fortpflanzung und Entwicklung des Flussaals vor. Nutze dazu Bücher oder recherchiere im Internet.

11. In Sachsen gibt es ein Wiedereinbürgerungsprogamm für den Lachs.
   a) Stelle einen Steckbrief des Lachses auf.
   b) Nenne und begründe Maßnahmen, die zur Wiedereinbürgerung von Lachsen in der Elbe notwendig waren.

## Das Wichtigste auf einen Blick

**Angepasstheit der Fische an das Leben im Wasser**

Fische sind im Wasser lebende Wirbeltiere. Ihre Lebensräume sind die Binnengewässer und Weltmeere.

**Merkmale der Angepasstheit an das Wasserleben**

**äußerer Bau und Fortbewegung**
Körperform spindelförmig
schleimige Haut mit Schuppen
schlängelnde Fortbewegung durch Flossen

**innerer Bau und Atmung**
innere Organe (z. B. Schwimmblase) Kiemenatmung

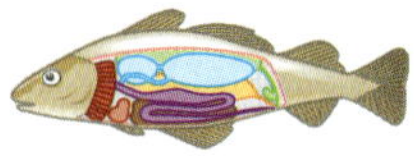

**Ernährung der Fische**

**Ernährungsweise**

**Raubfische** (z. B. Hecht)
kleine Fische, Frösche, Wasservögel

**Friedfische** (z. B. Karpfen)
Pflanzenteile, Kleintiere des Gewässers

**Fortpflanzung und Entwicklung der Fische**

erwachsene Fische (Weibchen/Männchen) ♀ ♂ → Ablaichen Besamung → äußere Befruchtung → Eientwicklung → Fischlarve → Jungfisch → erwachsene Fische

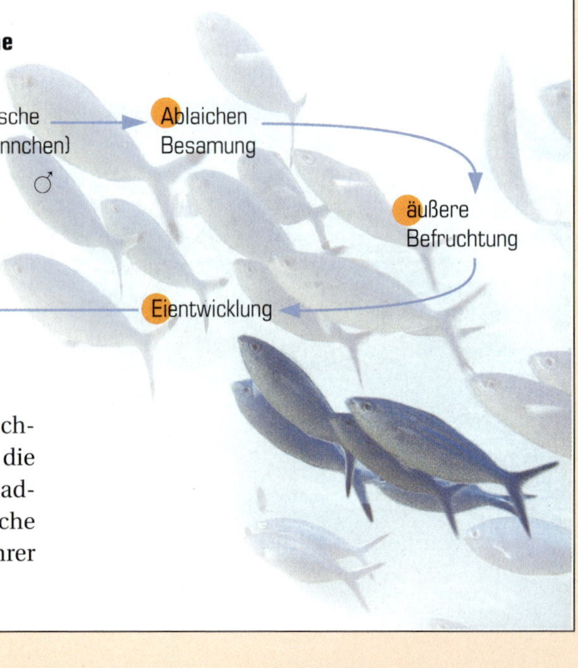

**Schutz der Fische**
Ursachen für die Gefährdung vieler Fischarten sind u. a. der Gewässerausbau, die Überfischung, das Einleiten von Schadstoffen. Den besten Schutz der Fische erreicht man durch die Erhaltung ihrer natürlichen Lebensräume.

2

# 2.2 Lurche - Übergang vom Wasser zum Land

**Zwei Wohnsitze ⏩** Ein anderer Name für Lurche ist Amphibien. Das Wort kommt aus dem Griechischen und bedeutet so viel wie „Doppeltes Leben“. Der Name ist gar nicht so falsch gewählt, denn die Lurche (Amphibien) verbringen einen Teil ihres Lebens im Wasser und den anderen auf dem Land.

**Weib trägt Mann ⏩** Im Frühjahr kann man vielerorts ein seltsames Schauspiel erleben. Die Kröten begeben sich auf Wanderschaft. Hunderte Kröten überqueren dann die Landstraßen. Für Autofahrer heißt es in dieser Zeit aufpassen!
Was hat es mit dieser Krötenwanderung auf sich, wo sich die Männchen noch dazu von den Weibchen Huckepack tragen lassen?

## Wir lernen Lurche kennen

Wenn man verschiedene Vertreter der Lurche betrachtet, so kann man in ihrer äußeren Erscheinung Unterschiede feststellen. Es gibt Tiere mit gedrungenem, schwanzlosem Körper. Das sind die **Froschlurche.** Es gibt auch Tiere mit länglichem Körper und einem Schwanz. Diese Tiere gehören zu den **Schwanzlurchen.** Alle heimischen Lurche gehören zu den **geschützten Tieren.**

### Froschlurche

Heimische Froschlurche sind die Frösche, Kröten und Unken. Zu ihnen gehören beispielsweise der *Wasserfrosch,* der *Grasfrosch,* die *Erdkröte,* die *Gelbbauchunke* und der *Laubfrosch* (Abb. 1–4).

Zu den gefährdeten Arten gehören die *Rotbauchunke* und die *Kreuzkröte.* Die Froschlurche haben keinen Schwanz, aber kräftige Beine.

**Erdkröte**

Lebensraum: Wälder, Gärten, Parkanlagen, Wiesen
Merkmale: bräunliche, warzenreiche Haut als Schutz, Beutefang nachts; den Winter verbringen sie in Winterstarre in Erdlöchern

**Gelbbauchunke**

Lebensraum: saubere stehende Kleingewässer im Bergland
Merkmale: Nase und Augen ragen aus dem Wasser, gelb gemusterte Bauchseite dient als Warnfarbe, überwintern in Erdlöchern, **ausgestorben**

**Grasfrosch**

Lebensraum: feuchte Wiesen, schattige Wälder
Merkmale: Haut von braun, grau bis gelblich mit dunklen Flecken auf Oberseite, dunkler Schläfenfleck, Paarungszeit im Frühjahr; laichen ab und überwintern im Bodenschlamm von Gewässern

**Laubfrosch**

Lebensraum: feuchte Umgebung mit üppigem Pflanzenwuchs
Merkmale: grüne Tarnfarbe, mithilfe runder Haftscheiben an Zehen klettert er auf Kräuter, Sträucher; überwintern unter Steinen, in Erdlöchern, **gefährdet**

2

**Schwanzlurche**

Im Gegensatz zu den Froschlurchen besitzen Schwanzlurche zeitlebens einen Schwanz. Vertreter dieser Gruppe sind u. a. *Feuersalamander, Kammmolch, Bergmolch* und *Teichmolch* (Abb. 1–4).

Sie ernähren sich u. a. von Würmern und Insekten. Zur Fortpflanzung gehen fast alle Schwanzlurche ins Wasser.

M

**Nach der äußeren Gestalt werden Froschlurche und Schwanzlurche unterschieden. Die Froschlurche besitzen einen gedrungenen, schwanzlosen Körper. Die Schwanzlurche sind durch einen länglichen Körper mit Schwanz gekennzeichnet.**

**Feuersalamander**

Lebensraum: Land, bevorzugt in feuchten Laubwäldern, bis 1 000 m Höhe

Merkmale: gelbe Flecken auf schwarzem Grund, überwintern an Land in Winterstarre; Paarung an Land; innere Befruchtung, **stark gefährdet**

**Kammmolch**

Lebensraum: stehende oder langsam fließende Gewässer, feuchte Stellen unter Steinen, Moos, Holz

Merkmale: Bauch gelb bis orange, Rücken bräunlich mit schwarzen Flecken, zur Paarungszeit haben Männchen gezackten Rückenkamm; überwintern in Winterstarre, **stark gefährdet**

**Teichmolch (weibl.)**

Lebensraum: Land, an feuchten Stellen, nur zur Paarungszeit in stehenden und fließenden Gewässern

Merkmale: Rücken und Bauch bräunlich mit dunklen Flecken, überwintern an Land und in Winterstarre

**Bergmolch**

Lebensraum: feuchte Waldgebiete, zum Laichen in stehende Gewässer

Merkmale: Bauch gelborange bis rot; Rücken ungefleckt, schiefergrau bis schwarz, überwintern an Land in Winterstarre

## Merkmale der Anpassung der Lurche an feuchte Lebensräume

*Grasfrösche können eine Körperlänge bis zu 10 cm erreichen. Mit ihren kräftigen Beinen können sie bis zu 1 m weit springen.*

### Äußerer Bau und Fortbewegung

Der Körper vom *Grasfrosch* und vom *Teichmolch* ist in Kopf, Rumpf und 2 Paar Gliedmaßen gegliedert (Abb.).

Neben diesen Gemeinsamkeiten weisen Froschlurche und Schwanzlurche auch Unterschiede auf. Der *Grasfrosch* hat einen gedrungenen, schwanzlosen Körper, kurze Vorderbeine und lange, kräftige Hinterbeine. Der *Teichmolch* dagegen besitzt einen länglichen Körper mit Schwanz und vier kurze Beine (Abb. 1).

Die *Frösche* können sich mithilfe der hinteren Sprungbeine sehr schnell auf dem Lande hüpfend und springend **fortbewegen.** Die Zehen sind durch Schwimmhäute verbunden. Im Wasser sind sie geschickte Schwimmer, indem sie mit den Hinterbeinen kräftige Stöße ausführen.

Die *Molche* schreiten auf dem Lande mit ihren etwa gleich großen Vorder- und Hinterbeinen. Im Wasser bewegen sie sich durch Schlängelbewegungen des Ruderschwanzes vorwärts.

### Innerer Körperbau und Atmung

Lurche besitzen wie die Fische **innere Organe**, die bestimmte Lebensfunktionen ausführen. Die Verdauungsorgane mit Magen und Darm dienen der Ernährung und Verdauung, die Geschlechtsorgane der Fortpflanzung, die Lungen der Atmung, die Nieren der Ausscheidung, Herz und Blutkreislauf transportieren Sauerstoff und Kohlenstoffdioxid und Nährstoffe im Körper (Abb. 3, S. 41).

Lurche benötigen auch Sauerstoff zum Leben. Sie **atmen** im Unterschied zu den Fischen durch **Lungen (Lungenatmung).**

Ein Frosch kann ca. 8 min unter Wasser bleiben. Er hat genügend Luft als Vorrat in seinen Lungen.

Damit die Atemluft mit dem lebensnotwendigen Sauerstoff bis in die Lunge kommt, wird die Luft durch die Nasenöffnungen in die Mundhöhle eingeatmet. Anschließend wird die Luft in die Lunge geschluckt. Die Lunge ist sackförmig und einfach gekammert (Abb. 1, S. 41).

Der Sauerstoff der Luft gelangt durch die dünne Haut der Lunge in die Blutgefäße. Das Blut bringt den Sauerstoff in den Körper. Aus dem Körper transportiert das Blut das Kohlenstoffdioxid zur Lunge. Es wird mit der Luft ausgeatmet.

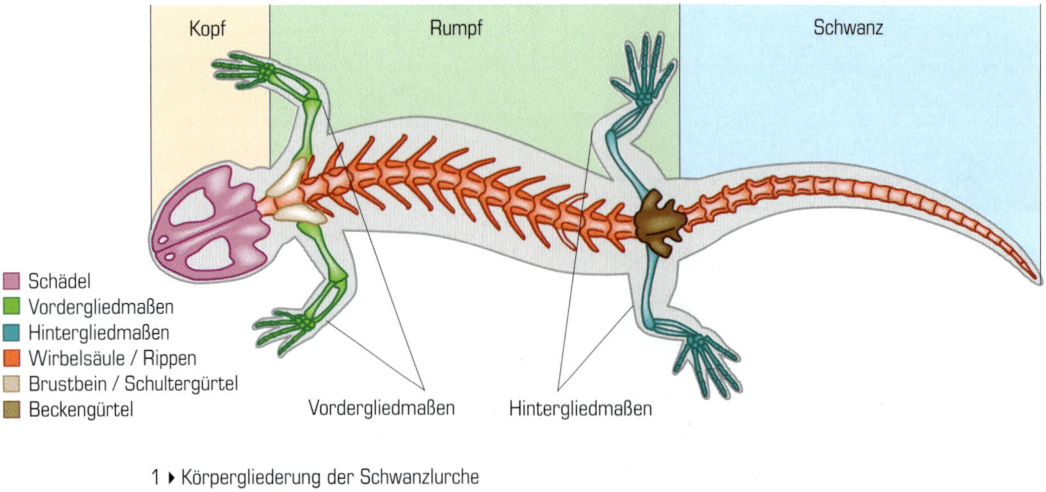


1 ▸ Körpergliederung der Schwanzlurche

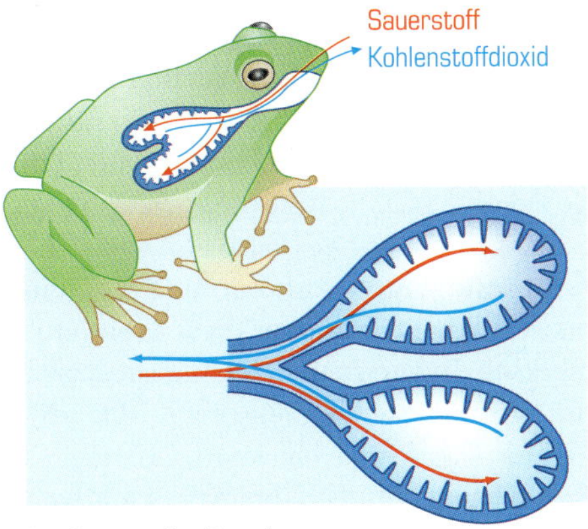


1 ▸ Atmung des Frosches

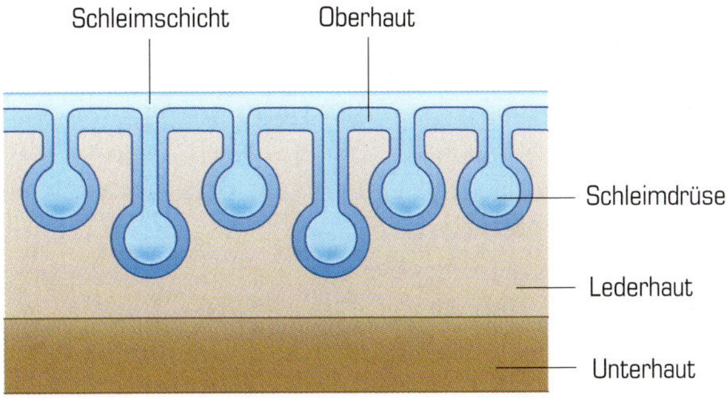


2 ▸ Aufbau der Lurchhaut (Schema)

Die Aufnahme von Sauerstoff über die einfache Lunge reicht nicht aus. Lurche sind in der Lage, auch über die dünne, feuchte Haut zu atmen. Sie haben eine **Hautatmung.**

Das ist besonders wichtig, weil viele Lurche am Grunde eines Gewässers überwintern. Sie müssen auch dort Sauerstoff aus dem Wasser aufnehmen können, denn die Lurche tauchen während des ganzen Winters nicht zur Wasseroberfläche auf.

Bei Molchen z. B. werden etwa drei Viertel, bei Fröschen und Kröten etwa ein Viertel des notwendigen Sauerstoffs durch die Haut aufgenommen.

Die **Haut** eines Frosches ist nackt und dünn. Sie besteht auch aus *Ober-*, *Leder-* und *Unterhaut* (Abb. 2). In der Oberhaut befinden sich zahlreiche Schleimdrüsen.

Der in den Schleimdrüsen gebildete Schleim wird an die Körperoberfläche abgegeben, damit die Oberhaut nicht zu viel Feuchtigkeit verliert. Die Lurche würden sonst zu leicht austrocknen und sterben. Aus diesem Grund halten sie sich auch immer in feuchter Umgebung oder im Wasser auf.

*Die Haut der Lurche ist dünn, nackt, schleimig, feucht und drüsenreich. Lurche sind **Feuchtlufttiere.***

**Erwachsene Lurche atmen durch eine einfach gekammerte, sackförmige Lunge. Sie atmen auch durch die Haut.** M

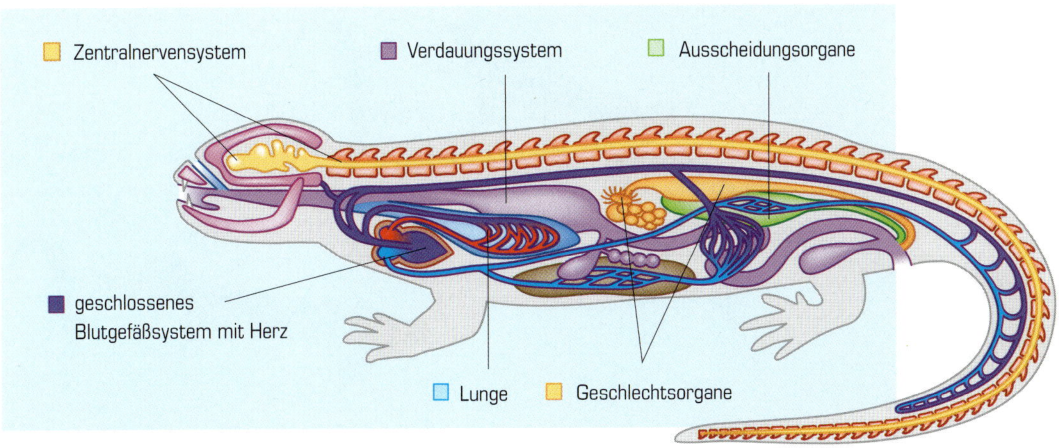


3 ▸ Innerer Körperbau eines Schwanzlurches

### Körpertemperatur und Lebensweise

Bei den Lurchen sind die Körpertemperatur und damit auch alle Lebensvorgänge von der Außentemperatur abhängig. Ist das Wetter warm, bewegen sie sich schneller. Bei Kälte sind sie langsam und träge. Sie gehören zu den **wechselwarmen Tieren**.

Im Herbst suchen die Lurche geschützte Plätze auf, um zu überwintern. Der *Grasfrosch* überwintert im Bodenschlamm der Gewässer, die *Erdkröte* in einer Erdhöhle, der *Laubfrosch* unter Steinen oder in Erdlöchern. Sie fallen in **Winterstarre**.

Im Frühjahr erwachen sie aus diesem bewegungsunfähigen Zustand und beginnen ihr „normales" Leben.

M **Die Körpertemperatur wechselt entsprechend der Außentemperatur. Lurche sind wechselwarme Tiere.**

### Ernährung der Lurche

Auf dem Speiseplan der Kaulquappen stehen vorwiegend Pflanzen. Erwachsene Lurche ernähren sich vor allem von Insekten und deren Larven, Würmern, Spinnen oder Schnecken. Da sich unter ihrer Nahrung viele Schädlinge befinden, sind sie sehr **nützliche Schädlingsvertilger**.

Lurche bevorzugen lebende Beute, die sie auf eine ganz bestimmte Weise fangen.

Der *Grasfrosch* beispielsweise sitzt ganz ruhig und lauert auf Beute. Fliegt ein Insekt vorbei, verfolgt er dieses sehr aufmerksam. Wenn es nahe genug ist, klappt die klebrige Schleuderzunge blitzartig heraus. Das Insekt hat keine Chance, es wird gefangen und bleibt an der klebrigen Zunge haften. Danach wird die Zunge, die vorne am Mund angewachsen ist, wieder zurückgezogen. Die Beute wird unzerkleinert verschluckt, denn Frösche haben keine Zähne.

Dieses **Beutefangverhalten** von Lurchen läuft immer nach einem festen Muster ab:
1. Die Lurche **erspähen** die Beute und **drehen** sich zur Beute, entweder nur mit dem Kopf oder mit dem gesamten Körper.
2. Die Lurche **verfolgen** die Beute.
3. Die Lurche starren auf die Beute und **schnappen** dann blitzschnell zu.
4. Die Lurche **schlucken** die Beute unzerkleinert.
5. Die Lurche **reinigen** das Maul mit den Vordergliedmaßen.

1 ▸ Beutefangverhalten der Lurche

2

Projekt

**Artgerechte Tierhaltung:**
**Halten von Lurchen in Aquarien, Terrarien bzw. Aqua-Terrarien**

Es gibt viele Menschen, die in ihrer Wohnung exotische Lurche halten. Beliebt sind hierbei Lurche aus Asien, wie die *Chinesische Rotbauchunke* (Abb. 1). Sie werden in **Aquarien**, **Terrarien** oder **Aqua-Terrarien** gehalten.

Bei der Haltung von Lurchen muss man, wie auch bei der Haltung anderer Wirbeltiere, die Lebensweise berücksichtigen.

1 ▸ Chinesische Rotbauchunke

1. Bevor man sich ein Tier anschafft, sollte man sich über Körpermerkmale und Lebensweise informieren.
   a) Stelle die wichtigsten Merkmale der Lurche zusammen.
   b) Leite davon Schlussfolgerungen für die Haltung der Tiere ab.

2. a) Welche Lurche eignen sich für die Haltung im Aquarium/Terrarium?
   b) Stelle von einem Vertreter einen Steckbrief auf.

**6 wichtige Regeln für die Haltung von Lurchen**

- **Behältergröße:** Faustregel: Gesamtlänge des Tiers in cm x 0,01 ergibt die Gesamtfläche des Behälters in Quadratmetern. Ist ein Molch z. B. 10 cm lang, dann muss die Fläche des Behälters mindestens 0,1 $m^2$ betragen. Die Höhe des Behälters sollte ein Drittel bis zur Hälfte der Länge des Terrariums betragen.
- **Klima:** (Temperatur, Frischluft und Feuchtigkeit) muss dem Jahresrhythmus der Lurche und ihrem Heimatgebiet angepasst sein.
- **Einrichtung:** Auf ausreichend Versteckmöglichkeiten achten, damit sich Tiere aus dem Weg gehen und unterschiedlich feuchte oder trockene Plätze aufsuchen können.
- **Licht:** Lebensäußerungen der Lurche werden auch vom Lichtangebot gesteuert. Daher sollte eine gesteuerte Lichtquelle vorhanden sein, die die natürlichen Hell-Dunkel-Verschiebungen im Jahresverlauf nachahmt.
- **Futter:** Lurche sind Räuber und fressen alles, was sie überwältigen können. Das Futter sollte abwechslungsreich sein und z. B. aus Regenwürmern, Nacktschnecken, Asseln, Insekten oder Spinnentieren bestehen. Diese kann man selber sammeln bzw. kaufen.
  Füttert man nur mit gekaufter Nahrung, sollte man diese mit einem der handelsüblichen Vitamin- und Aufbaupräparate bestäuben.
- **Sauberkeit:** Lurche haben eine empfindliche Haut, deshalb bei der Einrichtung der Aquarien/Terrarien immer die spätere Pflege und Unterhaltung der Behälter berücksichtigen. Deshalb sollte man möglichst einfach auszuräumende Gegenstände und eine übersichtlich gestaltete Einrichtung wählen.

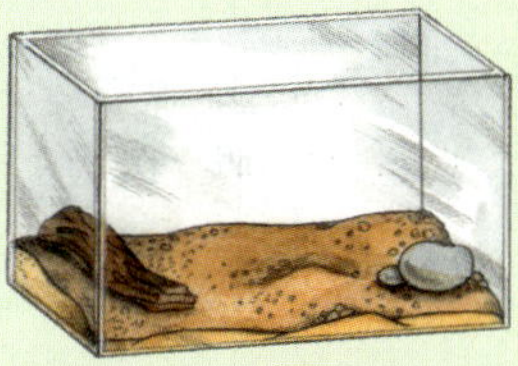

3. Informiere dich in einer zoologischen Handlung nach den drei unterschiedlichen Behältertypen.
   Stelle in einer Übersicht zusammen, für welche Tiere sie geeignet sind.

## Fortpflanzung und Entwicklung der Lurche

*Bei Kammmolchen kann man ein sehr auffälliges Verhalten während der Paarungszeit beobachten. Das Männchen wirbt um das Weibchen, indem es sich in seiner ganzen Größe darstellt und mit dem Schwanz wedelt.*

Im Frühjahr kann man in Gewässernähe das Quaken zahlreicher *Wasserfrösche* hören. Bei männlichen Wasserfröschen kann man außerdem in den Mundwinkeln zwei weiße Blasen sehen. Das sind Schallblasen, die das Quaken verstärken. Das Quaken dient dazu, die Weibchen auf sich aufmerksam zu machen (Abb. 1). *Wasserfrösche* locken also die Weibchen durch ein „Froschkonzert" an. *Grasfrösche* dagegen machen sich nur durch ein leises Knurren bei den Weibchen bemerkbar.

Bei der **Paarung** umklammert das Männchen das größere Weibchen von hinten. Das Weibchen trägt das Männchen auf dem Rücken. Wenn sie sich so ins Wasser begeben, gibt das Weibchen seine Eier in das Wasser ab und das Männchen daraufhin seine Samenzellen. Die Befruchtung der Eier findet außerhalb des Körpers statt. Man nennt sie deshalb **äußere Befruchtung**.

M **Die Fortpflanzung der Lurche erfolgt durch äußere Befruchtung. Sie ist an Wasser gebunden.**

1 ▸ Wasserfrosch – „quakendes" Männchen

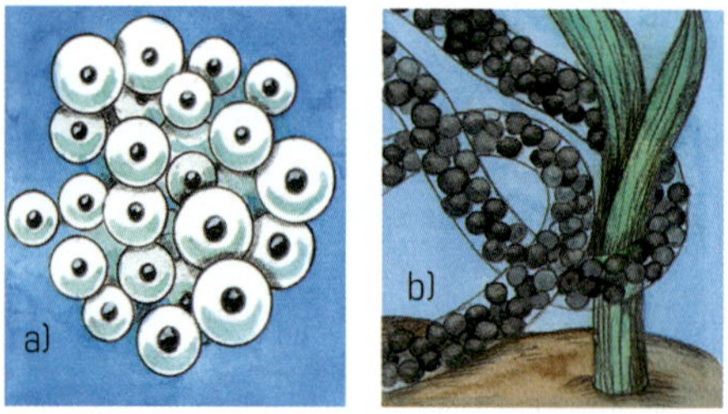


2 ▸ Laichablage: a) Grasfrosch, b) Erdkröte

Jedes Ei ist von einer Gallertschicht umgeben, die im Wasser aufquillt. Die Eier des *Grasfrosches* und des *Wasserfrosches* bilden z. B. große Laichklumpen, die dann auf der Wasseroberfläche schwimmen. *Kröten* legen ihre Eier in Laichschnüren ab (Abb. 2).

Nach etwa einer Woche schlüpfen aus den Froscheiern Larven, die man **Kaulquappen** nennt. Sie haben einen langen, seitlich abgeplatteten Schwanz und keine Gliedmaßen. Sie leben nur im Wasser und atmen über Kiemen, die sich an beiden Seiten des Kopfes befinden. Nach 2 bis 3 Wochen werden sie aber von einer Haut überwachsen. Sie werden zu Innenkiemen.

Die Kaulquappen ernähren sich im Gegensatz zu den erwachsenen Fröschen vorwiegend von Algen und Pflanzenteilen.

Während der weiteren Entwicklung verändert sich die äußere Gestalt der Kaulquappen. Es bilden sich zunächst die Hinterbeine und danach die Vorderbeine. Der Schwanz wird kleiner, er schrumpft. Anstelle der inneren Kiemen entwickelt sich eine einfache sackförmige Lunge. Aus der fischähnlichen, durch Kiemen atmenden Froschlarve (Kaulquappe) hat sich ein lungenatmender kleiner Jungfrosch entwickelt. Nun kann der Frosch auf dem Lande leben. Eine solche körperliche Umwandlung nennt man **Metamorphose** (Gestaltwandel).

2

Die Entwicklung der anderen Froschlurche *(Kröten, Unken)* verläuft ähnlich wie die der Frösche. Auch die Entwicklung der **Schwanzlurche** (z. B. *Feuersalamander, Molche*) verläuft ähnlich. Allerdings bleibt bei diesen Tieren der Schwanz erhalten.

M

**In ihrer Entwicklung machen Lurche eine Metamorphose durch, von durch Kiemen atmenden Larven zu lungenatmenden erwachsenen Tieren.**

1 ▸ Entwicklung des Grasfrosches

## Gefährdung und Schutz der Lurche

*In Sachsen stehen 13 Lurche in der roten Liste bedrohter Tiere. Die Gelbbauchunke ist in Sachsen ausgestorben.*

Alle heimischen Lurche stehen unter **Naturschutz**. In der **roten Liste** werden beispielsweise die *Wechselkröte* und der *Feuersalamander* als stark gefährdet und der *Laubfrosch* und der *Moorfrosch* als gefährdete Lurche ausgewiesen. Vom Aussterben bedroht ist z. B. der *Fadenmolch*.

**Ursache** für die weltweite Gefährdung der Lurche ist, dass ihr **Lebensraum** zerstört wird. Dies geschieht, indem z.B. Gewässer und Feuchtgebiete trockengelegt, Ufer begradigt bzw. einbetoniert oder durch Tourismus zerstört, Abwässer oder Giftstoffe in die Gewässer eingeleitet werden.

Eine weitere Gefahr stellt der Bau von Straßen durch **Laichgebiete** dar.

Lurche haben die Angewohnheit, immer dort zu laichen, wo sie selbst einmal „geboren“ wurden. Deshalb kann man während der **Fortpflanzungszeit** in den Feuchtgebieten richtige Wanderungen von Lurchen beobachten.

Bei **Kröten** ist diese Wanderung sehr bekannt. Den Winter verbringt die *Erdkröte* z.B. vergraben im Waldboden. Sie hält Winterruhe.

Die ersten Sonnenstrahlen im Frühjahr lösen dann bei ihr das **Fortpflanzungsverhalten** aus. Die *Erdkröten* wandern zu ihrem Laichplatz.

Da die Konkurrenz sehr groß ist, versuchen die Männchen sich schon auf dem Weg zum Wasser ein Weibchen zu sichern. Auf ein Krötenweibchen kommen bis zu sieben Männchen. Hat das Männchen Glück, lässt es sein Weibchen nicht mehr los. Es springt auf das Weibchen, krallt sich fest und lässt sich vom Weibchen zum See tragen (Abb. S. 35). Zum Glück sind die Krötenmännchen kleiner als die Weibchen.

Werden nun durch die Laichgebiete der Kröten Straßen gebaut, müssen sie diese auf ihrer Wanderung zum Laichplatz überqueren. Dabei werden viele Tiere überfahren und kommen nicht mehr zur Fortpflanzung.

Sind die Wanderwege bekannt, können verschiedene **Maßnahmen zum Schutz der Lurche** durchgeführt werden:
- Aufstellen von Warnschildern für Autofahrer;
- Errichten eines „Krötenzaunes“ an den Rändern von viel befahrenen Straßen (Abb. 1) oder Bauen eines „Krötentunnels“ (Lurche gelangen durch ihn auf die andere Straßenseite );
- Anlegen neuer Laichgewässer sowohl in der Nähe von Wäldern und in Feuchtgebieten als auch in Kleingarten- und Parkanlagen von Städten und Schulen.

Um den Bestand der Lurche zu sichern, müssen also **ihre Lebensräume erhalten bleiben**, z. B. indem Feuchtgebiete unter Naturschutz gestellt werden.

Der Schutz aller Lurche bedeutet also auch die Erhaltung der Artenvielfalt der Lebewesen.

**Die heimischen Lurche stehen unter Naturschutz. Der beste Schutz für die Lurche ist die Erhaltung ihrer Lebensräume.** M

1 ▸ Krötenzaun

2

Projekt

## Schutz heimischer Lurche

Unsere heimischen Lurcharten sind zur Fortpflanzung auf Gewässer angewiesen. Einige Arten halten sich auch außerhalb der Laichzeit zur Nahrungsaufnahme oder zur Überwinterung in Gewässern auf. Der Mensch hat durch seine Tätigkeit den Bestandsrückgang der Lurche mit zu verantworten.

Führt eine Exkursion zu einem in der Nähe liegenden natürlichen Laichgewässer durch.

1. Untersucht anhand von vorbereiteten Untersuchungsblättern die natürlichen Umweltbedingungen des Laichgewässers. Erfasst dabei u. a.
   - Art des Gewässers
   - Lage
   - Beschaffenheit des Ufers
   - Pflanzen im Gewässer und am Ufer
   - Gewässergrund und erstellt eine
   - Profil- und Lageskizze des Gewässers.

2. Bestimmt mögliche Gefährdungsursachen in der Umgebung, die für das Laichgewässer Bedeutung haben könnten. Das könnten u. a. sein:
   - Bauvorhaben
   - Abwasserzufluss
   - Spaziergänger
   - Wege und Straßen.

3. Bereitet eine Ausstellung zum Projektthema mit folgendem Inhalt vor:
   - heimische Lurcharten (Beschreibung; Bilder; Lebensweise)
   - Gefährdungsursachen (von allgemeiner und regionaler Bedeutung)
   - mögliche Schutzmaßnahmen
   - Überprüfung der Möglichkeit, an der Schule einen aktiven Beitrag zum Schutz zu leisten.

4. Formuliert in eurer Ausstellung das Ziel „Anlage eines naturnahen Feuchtbiotops im Freigelände der Schule". Um dieses Ziel zu erreichen solltet ihr:
   - frühzeitig wichtige Institutionen in die Planung, Vorbereitung und Durchführung (z. B. Lehrer; Eltern; Schüler; Bauamt; Umweltbehörde) einbeziehen,
   - eventuelle Fördergelder nutzen,
   - das Gesamtobjekt öffentlichkeitswirksam präsentieren,
   - Sponsoren gewinnen (Geldinstitute; Baumärkte; Baufirmen; Gartenmärkte),
   - gesetzliche Bestimmungen und Rahmenbedingungen der Schule beachten,
   - Patenschaften für Einzelobjekte (Klassen; Jahrgänge; Firmen) übernehmen,
   - z. B. Fachliteratur bei der Planung und Umsetzung nutzen,
   - regelmäßig über den Fortgang der Projektrealisierung berichten.

## Erschließungsfeld

### Fortpflanzung

Die Erdkröte ist die am häufigsten vorkommende einheimische Kröte.

1. Beschreibe mithilfe folgender Begriffe den Lebenszyklus der Erdkröte. Ordne dabei die Stichworte in der richtigen Reihenfolge.
   - Eingraben in den Waldboden
   - Wanderung zum Laichgewässer
   - Jungkröte
   - Rückwanderung ins Sommerquartier
   - Kaulquappen
   - nächtliche Jagd auf Schnecken, Spinnen und Insekten
   - Laichschnur
   - Herbstwanderung ins Winterquartier

Die Erdkröte ist (wie fast alle Lurche) ein Einzelgänger. Bestimmte Umweltsignale – z. B. Feuchtigkeit, Tageslänge, Temperatur – lösen bei Artgenossen in der näheren Umgebung zur gleichen Zeit das Wanderverhalten aus. Paarungsrufe am Laichgewässer locken weitere artgleiche Tiere an. Die Laichwanderung erfolgt innerhalb weniger Nächte. Viele Weibchen werden bereits auf der Wanderung von den Männchen umklammert.

2. Erkläre die Bedeutung der typischen Verhaltensweisen während der Paarung der Erdkröte.

Das Weibchen gibt eine Laichschnur mit etwa 6 000 Eiern ins Wasser ab. Dabei sitzt das Männchen auf dem Rücken des Weibchens. Anschließend gibt das Männchen mehrere Millionen Samenzellen ab, die sofort die Eier befruchten. Daraus schlüpfen nach 12 bis 18 Tagen kleine Kaulquappen. Sie bilden zunächst die Hinterbeine und später die Vorderbeine aus. Der Ruderschwanz wird zurückgebildet. Aus den äußeren Kiemen entwickeln sich Lungen.

3. Erkläre die Begriffe „geschlechtliche Fortpflanzung“ und „äußere Befruchtung“.

4. Beschreibe am Beispiel der Erdkröte den Begriff „Metamorphose“.

M

**Fortpflanzung ist die Erzeugung eigenständiger, artgleicher Nachkommen.**

**Zusammenfassung:**

Die geschlechtliche Fortpflanzung erfolgt durch äußere Befruchtung im Wasser. Die Entwicklung der Lurche durchläuft eine Metamorphose.

Dieses biologische Prinzip gilt für alle Lebewesen. Wir werden bei der Betrachtung weiterer Organismen unterschiedliche Fortpflanzungsformen finden.

2

## Teste dich selbst!

**1.** Lurche werden in Frosch- und Schwanzlurche eingeteilt.
- **a)** Vergleiche die beiden Gruppen miteinander. Fertige dazu eine Tabelle an.
- **b)** Nenne zu jeder Gruppe 2 Arten.

**2.** Erwachsene Wasserfrösche können im Bodenschlamm der Gewässer überwintern. Begründe diese Aussage.

**3.** Welche Funktion hat die Körperfärbung bei Lurchen? Erkläre diesen Sachverhalt am Beispiel einer Art.

**4.** Erkläre den Zusammenhang zwischen dem Skelett und der Fortbewegung bei Fischen und Lurchen.

**5.** Vergleiche die Körperbedeckung von einem Fisch und einem Lurch.
Erkläre an je einem Vertreter den Zusammenhang zwischen der Körperbedeckung und dem Lebensraum!

**6.** Fische atmen durch Kiemen (a) und erwachsene Lurche (b) atmen durch Lungen und ihre Haut.
- **a)** Beschreibe den Vorgang der Atmung bei Fischen und Lurchen.
- **b)** Erkläre die Angepasstheit der Atmung an den Lebensraum.

a)
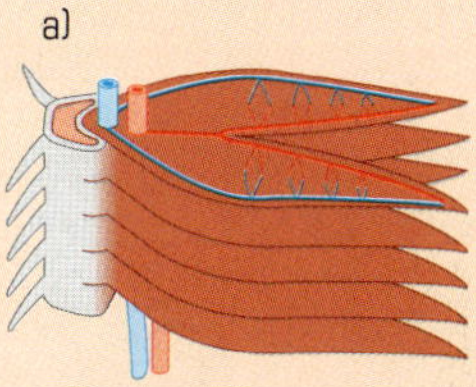

b)
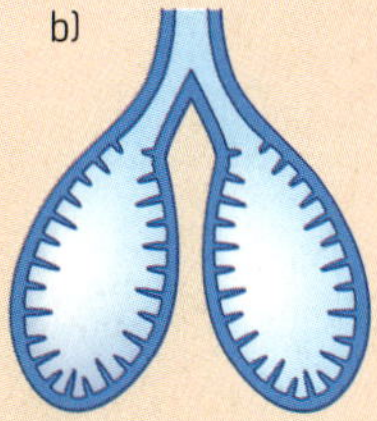

**7.** Beschreibe das Beutefangverhalten von Erdkröten.

**8.** Erarbeite einen Steckbrief für je einen Vertreter der Frosch- und Schwanzlurche.

**9.** Beschreibe anhand der Abbildung die Entwicklung der Lurche. Erkläre dabei den Begriff „Metamorphose“.

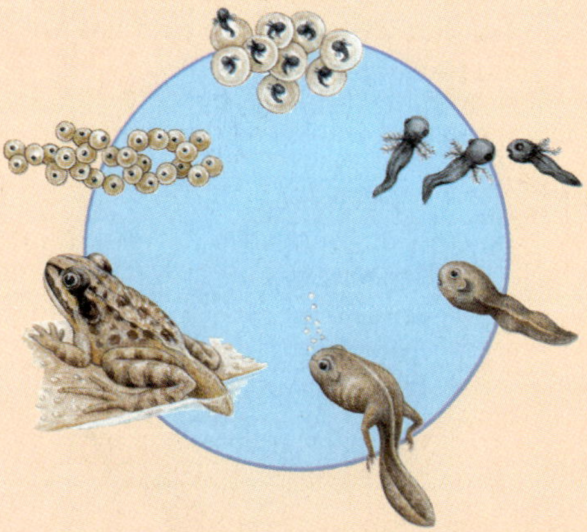

**10.** Erdkröte (a) und Feuersalamander (b) weisen Unterschiede in Körperbau und Lebensweise auf.
Fertige eine Tabelle nach folgenden Gesichtspunkten an: Körpergliederung, Gliedmaßen, Fortbewegung, Fortpflanzung und trage die Merkmale ein.

**11.** In einem Teich werden Hechte als Angelfische eingesetzt. Welche Folgen kann dies für den Bestand der Lurche haben?

**12.** Alle einheimischen Lurche stehen unter Naturschutz.
- **a)** Begründe die Notwendigkeit des Schutzes.
- **b)** Nenne Maßnahmen zum Schutz von Lurchen.

## Das Wichtigste auf einen Blick

### Lurche in ihrem Lebensraum

Die Gruppe der Lurche wird unterteilt in **Froschlurche** (Frösche, Kröten, Unken) und **Schwanzlurche** (Salamander, Molche). Ihre Lebensräume sind das Wasser und Feuchtgebiete.

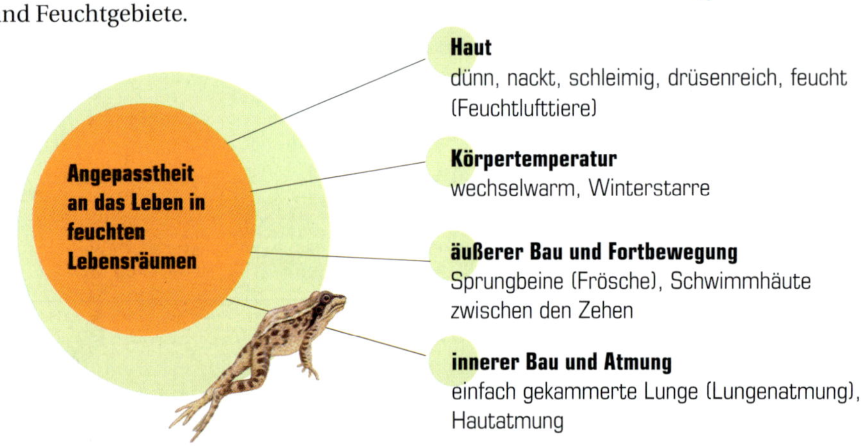


### Fortpflanzung und Entwicklung der Lurche

Es findet eine äußere Befruchtung statt. Die Entwicklung erfolgt im Wasser über fischähnliche, durch Kiemen atmende Larven (Kaulquappen) bis zum lungenatmenden Jungfrosch.

Diesen körperlichen Gestaltwandel in der Entwicklung zum erwachsenen Tier nennt man **Metamorphose**.

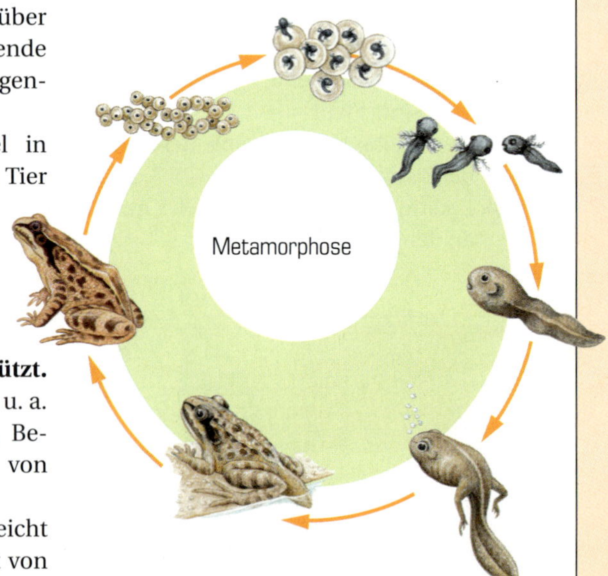


### Schutz der Lurche

Alle heimischen Lurche sind **geschützt.** Ursachen für ihre Gefährdung sind u. a. Trockenlegung von Feuchtgebieten, Begradigung von Flüssen, Ableiten von Schadstoffen in Gewässer.

Den besten Schutz der Lurche erreicht man durch Maßnahmen zum Erhalt von Laichgewässern, Sommer- und Winterquartieren.

# 2.3 Kriechtiere und ihre Anpassung an das Leben auf dem Land

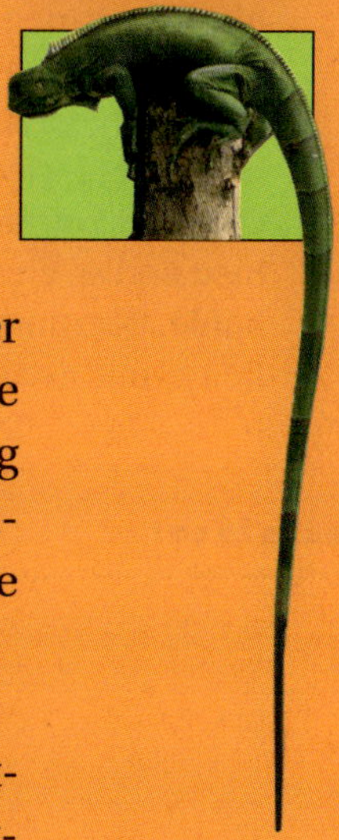

**150 Millionen Jahre ▸▸** Dinosaurier beherrschten über diesen langen Zeitraum die Erde. Sie besiedelten alle Lebensräume: Land, Luft und Wasser. Und schlagartig starben sie alle aus. Andere Tiere überlebten und entwickelten sich weiter. Über ihr Verschwinden gibt es die unterschiedlichsten Theorien.

**Meist abgebildete Schlange der Welt ▸▸** Von den 1 500 Nattern weltweit ist wohl eine die bekannteste, die Äskulapnatter. Bei den alten Griechen und den alten Römern galt sie als heilig. Sie war nämlich Äskulap, dem Gott der Heilkunde, geweiht. Daher auch der Name.
Auf Abbildungen trägt der Gott stets einen Stab bei sich, um den sich eine oder zwei Schlangen dieser Art winden. Noch heute wird der „Äskulapstab“ von den Ärzten und den Apothekern als Symbol ihres Berufsstandes verwendet.

## Kriechtiere – Vielfalt einer Gruppe

*Auf der Welt gibt es ca. 6 300 verschiedene Arten von Kriechtieren, in Deutschland kommen nur 14 Arten vor.*

Zu den Kriechtieren gehören u. a. Echsen, Schlangen, Schildkröten und Krokodile. Sie kommen vor allem in warmen Gebieten vor, sind aber zum Teil auch bei uns heimisch.

### Echsen

Zu der Gruppe der **Echsen** gehören unsere heimischen *Eidechsen* (Abb.) und *Schleichen.* Echsen haben einen lang gestreckten Körper mit Schwanz und meistens vier kurze Gliedmaßen. Sie können ihre Augen durch Lider verschließen. Bei den Schleichen sind die Gliedmaßen zurückgebildet.

Echsen zeigen ein eigenes **Beutefangverhalten.** Die Beutetiere, z. B. Insekten, Würmer, Nacktschnecken, werden zunächst mit den Augen wahrgenommen. Dann beginnen die Echsen zu „züngeln". Die Zunge gleitet schnell aus dem Maul heraus und wieder hinein. Dabei werden Geruchsstoffe des Beutetieres aufgenommen und an ein Riechorgan in der Mundhöhle übertragen. Im Sprung wird die Beute mit dem Gebiss gepackt und als Ganzes vom Maul aufgenommen. Sie wird durch Kieferbewegungen zerquetscht und anschließend verschlungen.

### Schlangen

Allen Schlangen gemeinsam ist ihr „starrer" Blick. Ihre Augenlider sind zu einer durchsichtigen Haut verwachsen. Die Augen können nicht geschlossen werden. Schlangen haben einen sehr langen, runden Körper und keine Gliedmaßen.

Bei uns kommen u. a. vor: *Ringelnatter* (Abb.), *Kreuzotter* und *Schlingnatter.* Die meisten Schlangen sind Räuber und jagen lebende Tiere, z. B. Mäuse, Eidechsen, Fische, Frösche und Vögel.

Die Beute wird durch die Augen und durch den Geruch mit der „züngelnden" Zunge wahrgenommen. Sie wird entweder lebend gefressen (z. B. *Ringelnatter*) oder vor dem Verschlucken durch Umschlingen erdrosselt (z. B. *Schlingnatter*). Giftschlangen (z. B. *Kreuzotter*) vergiften ihre Beute erst, lassen sie dann wieder laufen, finden das tote Tier durch „Züngeln" und verschlingen es.

**Zauneidechse (bis 20 cm)**

Lebensraum: sonnige und trockene Stellen wie Waldränder, Böschungen, Heiden

Merkmale: dunkelbraunes, hell geflecktes und gesäumtes Rückenband; Körperseiten des Männchens grün

**Ringelnatter (bis 1,50 m)**

Lebensraum: lebt in der Nähe von Gewässern, wie Seen, Teichen, Gräben

Merkmale: gute Schwimmerin, halbmondförmiger, leuchtend gelber Fleck beiderseits hinten am Kopf, Rücken grau mit dunklen Flecken; helle Augen mit großer, runder Pupille, **gefährdet**

2

## Schildkröten

**Schildkröten** haben einen gedrungenen Körper, der von einem schützenden Knochenpanzer (Rücken- und Bauchschild) umgeben ist. Dieser Panzer ist im Rückenschild mit der Wirbelsäule verwachsen. Kopf, Gliedmaßen und Schwanz können durch Öffnungen im Panzer ausgestreckt und wieder zurückgezogen werden.

Die **Landschildkröten** leben auf dem Lande. So bewohnt die *Griechische Landschildkröte* (Abb.) Waldränder und Graslandschaften.

Der Lebensraum der **Seeschildkröten** ist das Wasser. Die **Sumpfschildkröten** können im Wasser und auf dem Lande leben.

## Krokodile

**Krokodile** besitzen einen lang gestreckten Körper mit vier kurzen Gliedmaßen. Bei den Krokodilen ist der Schwanz als Ruderschwanz seitlich abgeplattet.

Ihr Lebensraum sind die Flüsse und Sümpfe der Subtropen und Tropen. Sie gehören zu den größten Kriechtieren, die es gegenwärtig gibt.

Zur Gruppe der Krokodile gehören u. a. *Echte Krokodile* (Abb.) und *Alligatoren* (Abb.). Sie alle sind Fleischfresser. Sie ernähren sich z.B. von Wasservögeln, Antilopen, Rindern. Beim Lauern auf **Beute** liegen sie reglos am Ufer bzw. im Wasser, nur die Augen, Nasenlöcher und Ohren schauen heraus. Kommt ein Beutetier in die Nähe, wird es mit den Zähnen gepackt und rückwärts tauchend unter Wasser gezogen. Dabei werden große Bissen aus dem Tier herausgerissen und verschlungen.

*Das längste Krokodil ist mit 8,50 m das Leistenkrokodil, das schwerste mit ca. 1 000 kg das Nilkrokodil.*

**Nilkrokodil (bis 6 m)**

Lebensraum: lebt in Flüssen, Seen und Sümpfen Afrikas
Merkmale: großer Kopf, lange Schnauze, kräftiger, seitlich abgeflachter Ruderschwanz; bis 1000 kg schwer

**Brillenkaiman (bis 2 m)**

Lebensraum: Seen und Sümpfe in Mittel- und Südamerika
Merkmale: relativ lange Schnauze, knöcherne Leiste zwischen den Augen (Brille), Rücken dunkeloliv, Bauch grüngelblichweiß

**Giechische Landschildkröte (bis 25 cm)**

Lebensraum: Waldränder, Graslandschaften in den Balkanländern und Italien
Merkmale: Rückenpanzer hoch gewölbt, bräunlich mit dunklen Streifen; Beine „klumpfußartig" verwachsen, besitzen dicke Schuppen; Nahrung überwiegend pflanzlich

*Überreste eines 100 Millionen Jahre alten Dinosauriers wurden jetzt in Brasilien entdeckt. Forscher gaben ihm den Namen Amazonsaurus maranhensis.*

## Saurier – Kriechtiere des Erdmittelalters

Im Erdmittelalter, vor etwa 225 Millionen Jahren, waren Kriechtiere auf der Erde weit verbreitet. Es gab sie in allen Lebensräumen – im Wasser, auf dem Land und in der Luft – in kleinen und auch besonders großen Formen. Man weiß dies, da versteinerte Knochen gefunden wurden, die vor Millionen von Jahren verschüttet wurden. Wissenschaftler haben anhand der Knochenfunde die Skelette dieser Kriechtiere rekonstruiert.

Die Reste von Organismen früherer Erdzeitalter, z. B. Knochen, Abdrücke, werden **Fossilien** genannt. Mithilfe von Fossilien erhält man einen Einblick in den Entwicklungsverlauf der Organismen auf der Erde.

Die meisten Kriechtiere des Erdmittelalters wurden **Saurier** genannt.

Unter den **Landsauriern** gab es Pflanzen- und Fleischfresser. Eines der größten rekonstruierten Skelette ist das des *Brachiosaurus* mit etwa 25 Meter Länge und 12 Meter Höhe. Dieser Saurier war trotz seiner Größe und seines Gewichts (ca. 50 t) ein harmloser Pflanzenfresser.

Ebenso ein riesiger, gefährlich aussehender Saurier war der Pflanzen fressende *Stegosaurus*. Er wurde bis zu 6 Meter lang.

Der *Tyrannosaurus* (Abb. 1) galt als gefährlicher Fleischfresser. Aufgerichtet erreichte er eine Höhe von 6 Meter. Er jagte aufrecht rennend seine Beute, die er mit seinen dolchartigen Zähnen zerriss.

Die **Flugsaurier** waren an das Leben in der Luft angepasst. Zwischen einem verlängerten Fingerknochen und dem Körper hatten sich Flughäute ausgebildet. Vermutlich konnten sie nur im Aufwind segeln. *Pteranodon* erreichte eine Flügelspannweite von etwa 8 Meter.

Außer den Land- und Flugsauriern gab es jedoch auch **Fischsaurier,** die im Wasser lebten. Sie hatten flossenähnlich ausgebildete Gliedmaßen.

1 ▸ Fleisch fressender Landsaurier – Tyrannosaurus

1 ▸ Fleisch fressender Fischsaurier – Stenopterygius

2 ▸ Urvogel – Übergangsform zwischen Kriechtieren und Vögeln

Der *Stenopterygius* (Abb. 1) war mit seinem stromlinienförmigen Körper vermutlich ein guter Schwimmer. Das gut ausgebildete Gebiss lässt auf eine räuberische Lebensweise schließen. Er brach-te lebende Junge zur Welt. Die anderen Saurier legten Eier.

Warum die **Saurier vor etwa 65 Millionen Jahren ausgestorben sind,** weiß man bis heute nicht genau.

Die Saurier bildeten während des Erdmitelalters eine der größten Tiergruppen auf dem Land. Über einen Zeitraum von 200 Millionen Jahren nutzten sie die Lebensräume der Erde. Und dann starben sie aus.

Es existieren verschiedene Meinungen über die **Ursachen für das Aussterben**.

Vielleicht hat sich durch einen *Kälteeinbruch* das Klima in der Erdgeschichte so verändert, dass viele Pflanzen ausstarben. Die Saurier, die auf große Nahrungsmengen angewiesen waren, konnten nicht überleben.

Vielleicht ist aber auch ein *Meteoriteneinschlag* die Ursache für das Aussterben.

Im Jahre 1861 fand man in **Solnhofen in Bayern** im Schiefer die Versteinerung eines taubengroßen Tieres.

Es besaß Federn und Flügel wie ein Vogel. Es hatte aber auch einen Schädel mit Zähnen, eine lange Schwanzwirbelsäule, bezahnte Kiefer und Krallen an den Fingern wie ein Kriechtier.

Die Wissenschaftler gaben diesem Tier, das vor etwa 150 Millionen Jahren gemeinsam mit den Sauriern auf der Erde lebte, den Namen **Urvogel** (Abb. 2).

Der wissenschaftliche Name ist *Archaeopteryx.* Übersetzt aus dem Griechischen heißt dies „uralte Feder" (archaios – uralt, pteryx – Feder).

Da das Tier Merkmale sowohl von Kriechtieren als auch von Vögeln aufweist, bezeichnet man es als **Übergangsform** zwischen diesen beiden Tiergruppen.

Für die Wissenschaft sind Funde von Übergangsformen wichtig. Sie geben Einblicke in den Entwicklungsverlauf der Organismen. Es wird angenommen, dass sich unsere heutigen Vögel aus Vorfahren der Kriechtiere entwickelten.

*Der Urvogel war etwa so groß wie ein großes Huhn und lebte ursprünglich an der Küste des damals tropischen Mittelmeeres. Insgesamt hat man bis jetzt acht Tiere gefunden, alle in Bayern.*

M

**Saurier sind Kriechtiere, die in vorangegangenen Erdzeitaltern lebten. Sie besiedelten alle Lebensräume. Der Urvogel ist eine Übergangsform zwischen den Kriechtieren und den Vögeln.**

## Kriechtiere sind an das Leben auf dem Lande angepasst

*Bei der Häutung befreien sich die Schlangen und Echsen auch gleichzeitig von Plagegeistern, wie Zecken und Milben, die sich unter den Schuppen festgesetzt haben.*

### Körperbedeckung

Der Körper der Echsen und Schlangen ist mit **Hornschuppen** bedeckt. Krokodile und Schildkröten besitzen eine Haut aus **Hornplatten**. Diese Hornschuppen bzw. -platten werden von der oberen Schicht der Haut, der Oberhaut, gebildet (Abb. 1). Sie wird fest und hart.

Die Hornschicht schützt den Tierkörper vor Verletzungen und auch vor Wasserabgabe durch die Haut. Die Tiere können nicht austrocknen. Kriechtiere sind **Trockenlufttiere**.

Wenn die Kriechtiere größer werden, kann die feste Hornhaut nicht mitwachsen. Sie zerreißt. Die alte Hornhaut wird mehrmals im Jahr in kleinen bis größeren Fetzen, z. B. bei den Eidechsen, oder im Ganzen, z. B. bei den Schlangen, abgestreift.

1 ▸ Aufbau einer Kriechtierhaut (Schema)

Die neue Haut wurde unter der alten bereits von der Oberhaut gebildet.

Diesen Vorgang des Abstreifens der alten Hornhaut nennt man **Häutung**

**Kriechtiere besitzen eine trockene Haut mit Hornschuppen oder Hornplatten. Sie sind Trockenlufttiere.** (M)

### Skelett und Fortbewegung

Eidechsen und Schlangen bewegen sich schlängelnd fort. Bei der **Eidechse** werden das rechte Vorder- und linke Hinterbein bzw. das linke Vorder- und rechte Hinterbein jeweils gleichzeitig bewegt (s. S. 61).

Das Skelett einer Eidechse (Abb. 2) verdeutlicht, dass der Körper flach auf dem Boden liegt und die Gliedmaßen seitlich vom Körper abstehen. Die Eidechse bewegt sich durch schlängelndes Kriechen vorwärts.

Die *Blindschleiche* hat keine Gliedmaßen und sieht deshalb wie eine Schlange aus. Sie gehört aber zu den Eidechsen, denn ihr Skelett besitzt noch Reste von Schulter- und Beckengürtel. Sie kann außerdem wie die Eidechsen ihren Schwanz bei Gefahr abwerfen.

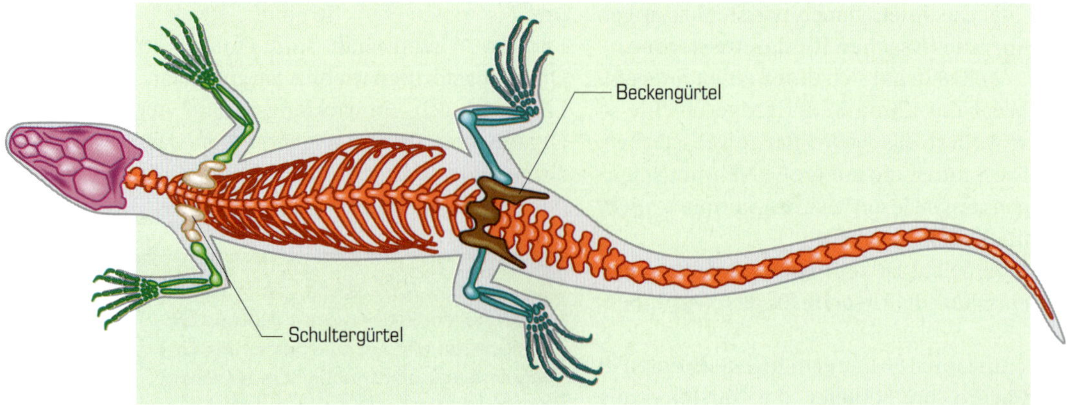


2 ▸ Skelett eines Kriechtieres

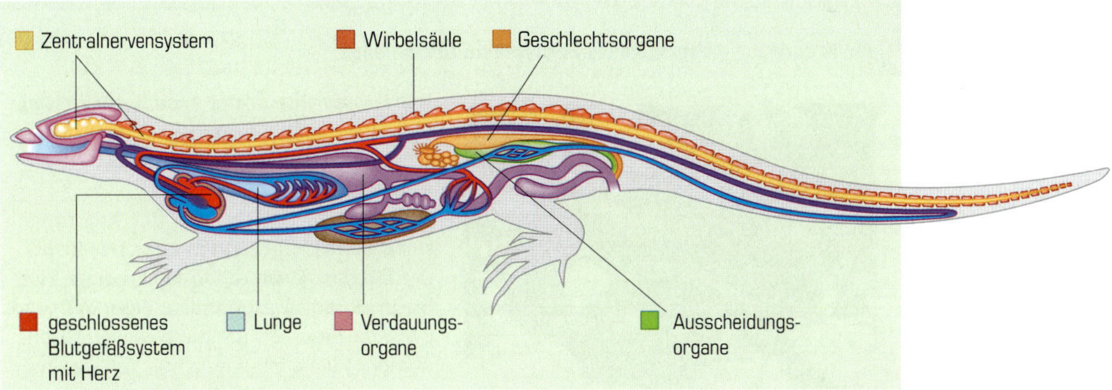


1 ▸ Innerer Körperbau eines Kriechtiers

Die **Schlangen** besitzen keine Gliedmaßen. Der gesamte Körper liegt auf dem Boden auf. Die schlängelnden Vorwärtsbewegungen beginnen hinter dem Kopf und laufen wie eine Welle über den ganzen Körper. Die Wirbelsäule wird gekrümmt.

Die schildförmigen Bauchschuppen werden gegen die Unebenheiten des Bodens gedrückt. Dadurch wird ein Zurückgleiten des Körpers verhindert.

### Innerer Bau und Lungenatmung

Die **inneren Organe** der Kriechtiere besitzen eine bestimmte Anordnung und Lage (Abb. 1). Sie dienen jeweils speziellen Lebensfunktionen wie Ernährung und Verdauung, Ausscheidung, Fortpflanzung, Atmung. Wie alle Lebewesen benötigen auch die Kriechtiere Sauerstoff zum Leben. Die trockene Haut mit Hornschuppen verhindert eine Hautatmung, wie sie bei Lurchen vorhanden ist.

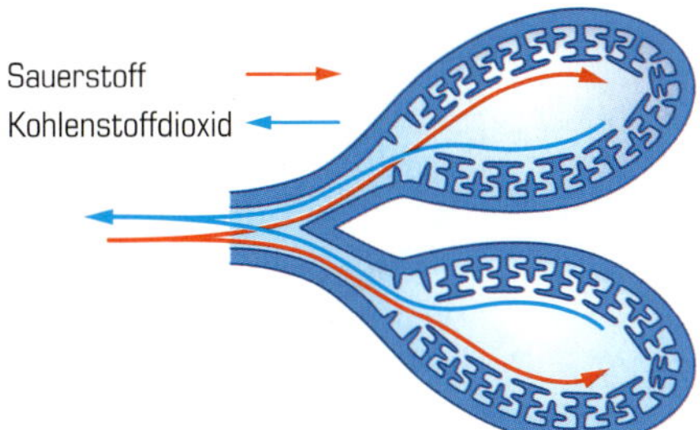


2 ▸ Stark gekammerte Lunge

Kriechtiere atmen wie „erwachsene" Lurche mit der Luft Sauerstoff ein und atmen Kohlenstoffdioxid aus. Sie sind **Lungenatmer.** Ihre Lunge ist aber leistungsfähiger als die der Lurche. Das wird dadurch erreicht, dass ihre Lungenoberfläche stärker gefaltet ist. Man sagt, die Lunge ist stark gekammert (Abb. 2). Dadurch können Sauerstoff und Kohlenstoffdioxid über eine größere Fläche ausgetauscht werden.

### Körpertemperatur und Lebensweise

Auch bei den Kriechtieren beeinflusst die Umgebungstemperatur die Lebensvorgänge und die Aktivität der Tiere. Bei warmer Witterung und Sonnenschein sind z. B. *Zauneidechsen* sehr flink. Schnell sind sie zwischen Gräsern und hinter Baumstümpfen verschwunden. Bei trüber Witterung und Kälte bewegen sie sich langsam, sie sind träge.

Kriechtiere sind **wechselwarme Tiere**. Im Herbst fallen z. B. die *Zauneidechse* wie auch die *Blindschleiche* und unsere heimischen Schlangen in **Winterstarre**. Sie verbringen die kalten Monate in Höhlungen, Erdspalten oder Bauten von Kaninchen, Feldhamstern oder Mäusen.

Nach dem „Erwachen" im Frühjahr beginnt die Paarung und damit das „normale" Leben dieser Tiere.

*Die Winterstarre der bei uns vorkommenden Schlangen und Echsen dauert zwischen 4 und 5 Monaten. Waldeidechsen und Zauneidechsen dehnen sie bis zu 6 Monaten aus.*

## Die Kreuzotter – Deutschlands bekannteste Giftschlange

*Bei Wanderungen in Gegenden, in denen Kreuzottern leben, unbedingt feste Schuhe anziehen!*

*Kommt es trotzdem zu einem Schlangenbiss, die Wunde steril abdecken und das betroffene Gliedmaß mit fest sitzender elastischer Binde und Schienung ruhig stellen. Dann sofort zum Arzt!*

Die Kreuzotter ist die bekannteste Giftschlange, die in fast allen Teilen Deutschlands vorkommt.
Kreuzottern ernähren sich hauptsächlich von Mäusen, Fröschen und Eidechsen. Junge Kreuzottern bevorzugen junge Frösche und Eidechsen. Beim Beutefang setzen sie ihr Gift gezielt ein.
Entdeckt die Kreuzotter ein Beutetier, folgt sie ihm lautlos. Ist sie nahe genug dran, krümmt sie sich s-förmig zusammen, schnellt den Kopf dann blitzschnell vor und beißt zu. Bevor sie zubeißt, richten sich im Oberkiefer aber zwei Giftzähne auf. Diese sind sonst in Hautspalten verborgen. In diese Giftzähne münden Giftkanäle, über die das Gift, welches in Giftdrüsen gebildet wird, zum Zahn gelangt. Durch eine kleine Öffnung hinter der Spitze des Zahns wird das Gift dann beim Biss in den Körper des Beutetiers gespritzt.

Der Biss der Kreuzotter kann auch für den Menschen gefährlich sein. Sie greift Menschen aber nur an, wenn sie überrascht wird. Sonst flüchtet sie.
Nach dem Biss zieht sich die Kreuzotter sofort zurück und verharrt kurz. Das Beutetier flüchtet. Doch schon nach kurzer Zeit bricht es tödlich zusammen, denn das Gift der Kreuzotter ist für diese kleinen Tiere immer tödlich. Die Kreuzotter verfolgt ihre Beute nun anhand der Duftspur.

Hat sie das tote Beutetier gefunden, verschlingt sie es im Ganzen, mit dem Kopf zuerst.
Das gelingt der Kreuzotter, wie übrigens allen anderen Schlangen auch, indem sie ihr Maul vergrößert (Abb.). Fast alle Teile des Mauls sind veränderbar miteinander verbunden. Die beiden Hälften ihres Unterkiefers verbindet ein elastisches Band. Dadurch können sie auseinander weichen. Beim Schlingen werden im Wechsel die rechte und die linke Kieferhälfte nach und nach über das Opfer geschoben.

Eine weitere Besonderheit des Schädels besteht darin, dass der Unterkiefer nicht direkt am Schädel befestigt ist. Zwischen beiden liegen Quadratbeine. Wenn diese aufgerichtet werden, vergrößert sich der Schlund um ein Vielfaches.

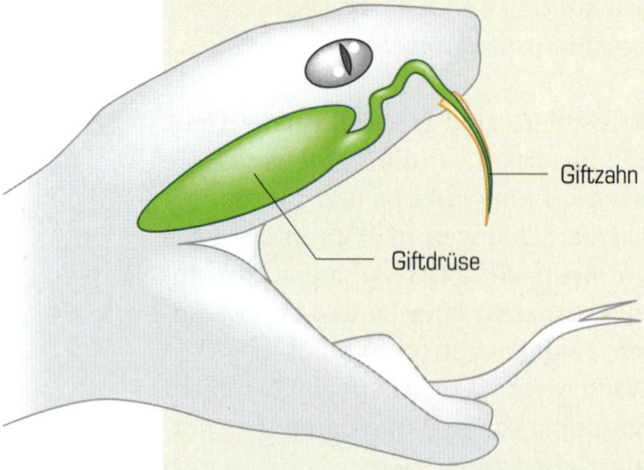


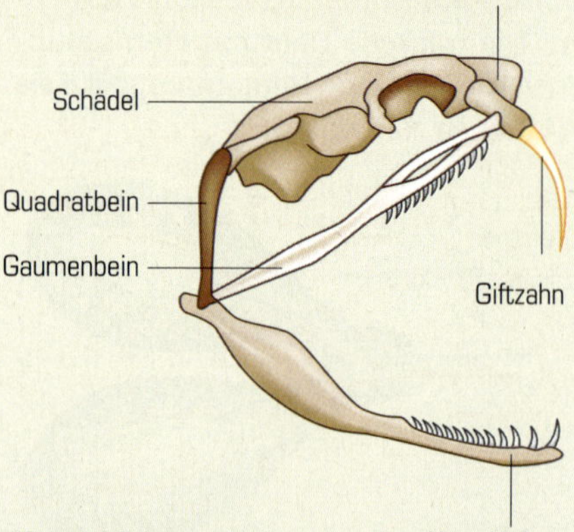


(Schädel Seitenansicht)

2

## Kriechtiere pflanzen sich fort und entwickeln sich

Die Fortpflanzung und Entwicklung der Kriechtiere erfolgt auf dem Lande. In der Fortpflanzungszeit paaren sich Männchen und Weibchen. Das Männchen gibt die Samenzellen in den Körper des Weibchens. Sie gelangen zu den Eizellen im Eileiter.

Eine Samenzelle verschmilzt im Körper des Weibchens mit der Eizelle. Deshalb nennt man diese Form der Befruchtung **innere Befruchtung.**

Nach der Befruchtung bildet sich bei Eidechsen und Schlangen um die Eier eine pergamentartige Hülle. Bei den Krokodilen und Schildkröten erhalten die Eier eine Kalkschale.

Die meisten Weibchen legen die befruchteten Eier auf dem Lande ab. Eidechsen legen sie z. B. in ausgescharrte Erdlöcher, Ringelnattern in Dung- und Laubhaufen ab. Die Eier werden zugedeckt und sich selbst überlassen. Sie werden von der Sonnenwärme ausgebrütet, bis nach einigen Wochen die Jungen ausschlüpfen (Abb.2).

Die jungen Eidechsen sind dann zwar noch sehr klein, sehen aber schon wie die erwachsenen Tiere aus und sind sofort selbstständig.

2 ▸ Eigelege einer Zauneidechse und schlüpfende junge Zauneidechsen

Einige Kriechtiere bringen lebende Junge zur Welt, sie sind lebend gebärend. Dazu gehört z. B. die *Bergeidechse* (Abb. 1) und die *Kreuzotter.*
Bei ihnen erfolgt die Entwicklung im Ei schon im weiblichen Körper. Beim Ablegen der Eier oder kurze Zeit später reißt die dünne Eihülle, und das voll entwickelte Jungtier schlüpft heraus.

*Auch die Glattnatter gehört zu den lebend gebärenden Kriechtieren. Im August bringt sie 6 bis 15 etwa 18 cm lange Junge zur Welt.*

**Die Fortpflanzung der Kriechtiere erfolgt durch innere Befruchtung.** M

1 ▸ Bergeidechse beim Absetzen von Jungtieren

# Methoden

## Wie beobachte und beschreibe ich Naturobjekte und Naturvorgänge?

Eine wichtige Tätigkeit im Biologieunterricht ist das **Beobachten von Naturobjekten und Naturvorgängen**. Dabei ermittelst du mithilfe deiner Sinnesorgane wichtige Merkmale, Eigenschaften und Verhaltensweisen der Objekte. Oftmals musst du beim Beobachten Hilfsmittel, z. B. Lupe, Fernglas, Mikroskop, Thermometer, Lineal, Messzylinder, Präparierbesteck oder Waage, einsetzen, um konkrete Ergebnisse zu erreichen.
Am Ende der Beobachtung musst du deine Ergebnisse darstellen.

Das kann in Form einer Beschreibung erfolgen, aber auch als Tabelle, Diagramm oder als einfache Zeichnung.
In der Regel ist das Beobachten mit einer weiteren wichtigen Tätigkeit verbunden, mit dem Beschreiben.

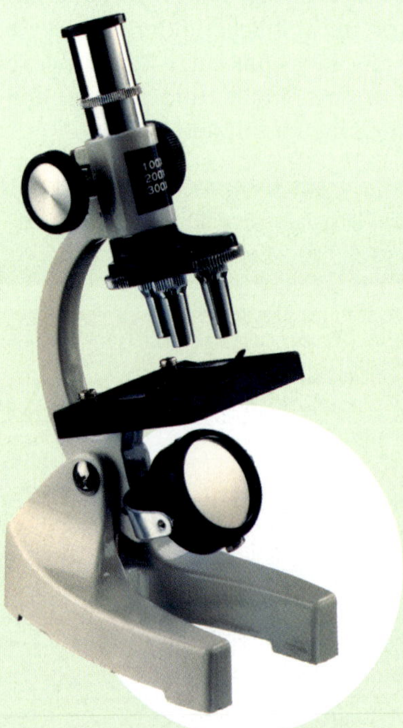

Beim **Beschreiben von Naturobjekten und Naturvorgängen** konzentrierst du dich auf wesentliche Merkmale, Eigenschaften und Verhaltensweisen. In einfach formulierten Sätzen beschreibst du, wie das Naturobjekt beschaffen ist, welche Merkmale es aufweist oder wie der Naturvorgang abläuft.
Beim Beobachten und Beschreiben von Naturobjekten und Naturvorgängen kannst du **schrittweise vorgehen**.

*Schritt* 1

### Erfassen der Beobachtungsaufgabe

Lies die Beobachtungsaufgabe genau durch! Merke bzw. notiere dir die wesentlichen Beobachtungsmerkmale und -eigenschaften sowie Verhaltensweisen.

*Schritt* 2

### Auswahl notwendiger Hilfsmittel

Wähle die Hilfsmittel aus, die du zur Beobachtung benötigst.

*Schritt* 3

### Beobachten der wesentlichen Merkmale, Eigenschaften und Verhaltensweisen

Beobachte genau die in der Aufgabe ausgewiesenen Merkmale, Eigenschaften und Verhaltensweisen der Objekte bzw. Vorgänge. Notiere die Beobachtungsergebnisse.

*Schritt* 4

### Darstellen der Beobachtungsergebnisse in einer Beschreibung

Versuche die beobachteten Merkmale, Eigenschaften und Verhaltensweisen in einfachen Sätzen zu formulieren und aufzuschreiben.
Du kannst auch Tabellen, Diagramme oder Zeichnungen anfertigen.

## Methoden

**In einem Terrarium in der Schule oder im Schlangenhaus von zoologischen Gärten kann man die Fortbewegung von Echsen und Schlangen gut beobachten.**

**Aufgabe**
Beobachte und beschreibe die Fortbewegung einer Zauneidechse.
Achte dabei besonders auf die Stellung der Gliedmaßen.

*Schritt* ①

**Lies die Aufgabe genau durch.**
Zu beobachtende Merkmale und Erscheinungen sind Beinstellungen und Körperbewegung.

*Schritt* ②

**Wähle die Hilfsmittel aus.**
*Hinweis:* Du benötigst für die Ausführung dieser Beobachtungsaufgabe keine Hilfsmittel.

*Schritt* ③

**Beobachte genau die Stellung der Gliedmaßen. Notiere deine Beobachtungsergebnisse.**
*Gliedmaßen*: Das rechte Vorderbein und das linke Hinterbein oder das linke Vorderbein und das rechte Hinterbein werden gleichzeitig bewegt.
*Körperbewegung:* Die Vorderseite des Körpers wird gemeinsam mit dem entsprechenden Vorderbein entweder nach rechts oder nach links bewegt.
Der hintere Teil des Körpers genau entgegengesetzt zum vorderen.

*Schritt* ④

**Versuche deine Beobachtungsergebnisse in einfachen Sätzen zu formulieren und aufzuschreiben.**

*Beschreibung:*
Die Zauneidechse bewegt sich vorwärts, indem sie gleichzeitig das rechte Vorderbein und das linke Hinterbein bzw. das linke Vorderbein und das rechte Hinterbein bewegt.
Dadurch wird der Körper entweder zur rechten oder zur linken Seite bewegt.
Der hintere Teil des Körpers wird immer zur genau entgegengesetzten Seite im Vergleich zur vorderen bewegt.
Dadurch kommt die schlängelnde Bewegung der Zauneidechse zustande.

## Auch Kriechtiere brauchen Schutz

Der Bestand der Kriechtiere geht ebenfalls ständig zurück. In der **roten Liste von Sachsen** gehört die *Europäische Sumpfschildkröte* zu den ausgestorbenen Tieren. Stark gefährdet sind die *Kreuzotter* und die *Glattnatter* (Abb. 2). Gefährdet sind u. a. *Ringelnatter* und *Zauneidechse*.

*Die Blindschleiche konnte in Sachsen aufgrund der vollständigeren Kenntnisse zum Vorkommen aus der roten Liste gestrichen werden.*

**Ursachen** für den Rückgang der Kriechtiere sind u. a. *Maßnahmen der Bewirtschaftung von Landschaften,* z. B. Trockenlegung von Mooren und Sümpfen, Aufforstung von Kahlschlägen, Bebauung von Heideflächen, landwirtschaftliche Nutzung von Ödflächen, Beseitigung von Trockenrasen, Hecken und Baumreihen.

Einen wesentlichen Anteil am Rückgang der Kriechtiere haben *Schadstoffe der Luft* sowie Störungen durch zunehmenden *Tourismus* und *Freizeitindustrie.*

Durch alle diese Maßnahmen wird zum einen der **Lebensraum** dieser Tiere vernichtet. Zum anderen werden diese Tiere auch ständig gestört.

Der beste Schutz für die Kriechtiere ist die **Erhaltung ihrer Lebensräume,** damit sie ausreichend Nahrung, Stellen zur Eiablage und zum Überwintern finden. Dazu gehört der Schutz von größeren Landschaften wie auch die Erhaltung, Gestaltung und Schaffung von kleineren Lebensräumen wie Kiesgruben, Steinbrüchen und Halden.

**Wiederansiedlungsmaßnahmen** ausgestorbener Tiere sind auch ein Beitrag, um die Artenvielfalt zu erhalten. Erfolgreich wurde in Sachsen z. B. die *Würfelnatter* (Abb. 1) wieder angesiedelt.

Zum Schutz unserer einheimischen Kriechtiere kann **jeder Einzelne** beitragen. Durch Anlegen von Steinhaufen, das Pflanzen dichter Hecken oder das Errichten unverfugter Gartenmauern (Trockenmauern) werden ungestörte Stellen für die Kriechtiere zur Eiablage, zum Ruhen und Überwintern geschaffen.

**Die heimischen Kriechtiere stehen unter Naturschutz. Der beste Schutz für die Kriechtiere ist die Erhaltung ihrer Lebensräume.** M

1 ▸ Würfelnatter (bis zu 1 m)

2 ▸ Glatt-/Schlingnatter (bis 75 cm)

## Teste dich selbst!

1. Benenne die abgebildeten Tiere (a, b). Vergleiche ihren Körperbau.

a)  b) 

2. Betrachte die Abbildungen S. 61 der sich fortbewegenden Eidechsen. Beschreibe, wie sich eine Eidechse vorwärts bewegt.

3. Die Zauneidechse kann sich lange Zeit sonnen, der Grasfrosch dagegen nicht.
   a) Begründe, warum sich Frösche nicht lange sonnen können.
   b) Definiere die Begriffe Feuchtlufttier und Trockenlufttier.
   c) Nenne einige Arten, die zu Feucht- und Trockenlufttieren gehören.
   d) Erkläre die Angepasstheit der Körperbedeckung an den Lebensraum der Frösche bzw. der Eidechsen.

4. Betrachte die abgebildeten Lungen!
   a) Ordne sie den Kriechtieren bzw. den Lurchen zu. Begründe deine Zuordnung.

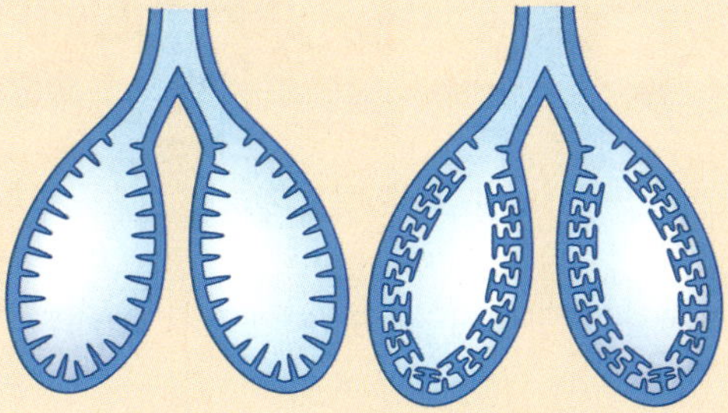

   b) Ziehe Schlussfolgerungen in Bezug auf den Austausch von Sauerstoff und Kohlenstoffdioxid.
   c) Begründe, warum Kriechtiere nur durch Lungen atmen können.

5. a) Definiere die Begriffe „innere Befruchtung" und „äußere Befruchtung".
   b) Beschreibe beide Vorgänge.

6. Erkläre den Zusammenhang zwischen der geringen Anzahl der abgelegten Eier und der Art der Befruchtung bei den Kriechtieren.

7. Beschreibe die Angepasstheit der Zauneidechse an ihren Lebensraum.

8. Vergleiche die äußeren Merkmale und die Lebensweise von Kreuzotter und Ringelnatter.

9. Alle heimischen Kriechtiere stehen unter Naturschutz.
   a) Nenne Maßnahmen zur Erhaltung des Bestandes von Kriechtieren.
   b) Was kannst du selber zum Schutz dieser Tiere beitragen?

10. Die Würfelnatter war in Sachsen ausgestorben. Informiere dich im Naturkabinett, in Tageszeitungen bzw. im Internet, wie es gelungen ist, die Würfelnatter wieder in Sachsen anzusiedeln.

11. Begründe, warum wir bei unseren Spaziergängen im Winter keine heimischen Kriechtiere antreffen.

12. Fertige Steckbriefe zu den äußeren Merkmalen und der möglichen Lebensweise von je einer Art der Flug-, Land- und Fischsaurier an. Nimm Literatur und das Internet zu Hilfe.

## Das Wichtigste auf einen Blick

### Kriechtiere in ihrem Lebensraum

**Vielfalt einer Gruppe**

Echsen

Schlangen

Schildkröten

Krokodile

**Angepasstheit an trockene Lebensräume**

**Atmung und Körpertemperatur**
einfach gekammerte Lunge
wechselwarme Tiere

**Körperbedeckung**
Hornschuppen, Hornplatten
(Trockenlufttiere)

**Skelett und Fortbewegung**
schlängelndes Kriechen (Echsen, Krokodile)
Schlängeln (Schlangen)

### Fortpflanzung und Entwicklung der Kriechtiere

Eiablage — befruchtete Eier im Erdloch — Schlupf der Jungtiere

### Schutz der Kriechtiere

Alle heimischen Kriechtiere gehören zu den **geschützten Tieren.**
Die Erhaltung ihrer Lebensräume ist der beste Schutz für sie.

# 2.4
# Angepasstheit der Vögel an verschiedene Lebensräume

**8 600 Vogelarten** ▸▸ Die Gesamtzahl der verschiedenen Vogelarten auf der Erde beträgt etwa 8 600. In Deutschland kommen 273 Vogelarten vor.

**50 Flügelschläge pro Sekunde** ▸▸ Zur Fortbewegung benutzen Vögel in der Regel Flügel. Dabei ist die Schnelligkeit, mit der sie ihre Flügel bewegen, sehr unterschiedlich. Ein Storch, der hoch in der Luft segelt, schlägt seine Flügel gerade 2-mal pro Sekunde. Ein Haussperling muss schon mehr leisten, er bringt es auf 13 Flügelschläge pro Sekunde. Der Kolibri dagegen bewegt seine Flügel so schnell, dass man es mit bloßem Auge kaum erkennen kann, und zwar 30- bis 50-mal pro Sekunde.

## Wir lernen Vögel kennen

Bei Spaziergängen im Wald oder im Park, im zoologischen Garten, am Vogelhäuschen oder auf einem Bauernhof kann man viele Vögel beobachten.

Sie unterscheiden sich im Aussehen, in der Größe und auch im Verhalten. Viele Vögel weisen gemeinsame Merkmale auf, nach denen man sie einzelnen Gruppen zuordnen kann, z.B. den Eulenvögeln, Greifvögeln oder Singvögeln (Abb.).

Viele Vögel bewohnen auch einen **gemeinsamen Lebensraum**, z. B. ein **Feld** oder ein **Gewässer** (Abb., S.67).

### Heimische Singvögel

**Rotkehlchen**

Lebensraum: Hecken, Garten, Wald
Merkmale: Gesicht, Kehle und Brust rot, dunkle Augen
Nahrung: Insekten, Larven, Würmer, Spinnen, Beeren, Samen

**Grünfink**

Lebensraum: Mischwälder, Hecken, Parks, Gärten
Merkmale: leuchtend grüne Färbung; Männchen ist kräftiger grüngelb gefärbt als Weibchen; leuchtend gelbe Flügelspiegel; kräftiger heller Schnabel, relativ kurzer Schwanz
Nahrung: Samen, Knospen, Insekten

**Blaumeise**

Lebensraum: Park, Garten, Wald
Merkmale: Flügel, Scheitel und Schwanz hellblau, Bauch gelblich
Nahrung: Insekten, Larven, Spinnen, Samen

**Kohlmeise**

Lebensraum: Wald, Park, Garten
Merkmale: schwarzer Kopf mit weißen Wangen, Bauch gelblich
Nahrung: Insekten, Larven, Samen

**Zaunkönig**

Lebensraum: Wald, Park, Garten
Merkmale: klein, rundlich, aufrechter Schwanz, dunkelbraun, Bauch gelblich
Nahrung: Insekten, Larven, Spinnen, Würmer, Samen

2

## Vögel des Gewässers und des Feldes

### Reiherente

Merkmale: Federschopf am Hinterkopf, Oberseite dunkel, Bauchseite weiß, Schwimmhäute zwischen den Zehen

Nahrung: Fisch- und Froschlaich, Schnecken, Muscheln, Wasserpflanzen, Insekten

### Bachstelze

Merkmale: trippelt schnell, wippender Schwanz, Gefieder weiß, schwarz, grau, braun, Bauchseite hell

Nahrung: Insekten, Regenwürmer

### Teichhuhn

Merkmale: schwarzes Gefieder, rote Stirn, Füße grün

Nahrung: Insekten, Froschlaich, Schnecken, **gefährdet**

### Feldlerche

Merkmale: flattert auf der Stelle und im Bogenflug, trillert während des Fluges, Gefieder bräunlich

Nahrung: Insekten, Bodentiere, **gefährdet**

### Wachtel

Merkmale: kugelige Körperform, sehr kurzer Schwanz, Unterseite gelblich mit hellen und dunklen Streifen

Nahrung: Samen, Insekten, **gefährdet**

### Jagdfasan

Merkmale: Kopf und Hals leuchten beim
♂ grünschwarz und rot, Körper gelblich braun, langer, spitzer Schwanz
♀ braun-dunkel gesprenkelt

Nahrung: Samen, Insekten, Knospen, Laubblätter

## Vögel als Haustiere

Verschiedene Vogelarten werden als **Haustiere** gehalten. Der Mensch hat sie aus Wildvogelarten gezüchtet. Das *Haushuhn* z. B. stammt vom noch heute in Indien lebenden *Bankivahuhn* ab.

Die *Stockente* ist die Stammform unserer *Hausenten.* Weitere **Nutztiere** unter den Vögeln sind z. B. *Tauben, Puten und Gänse.*

Der Mensch verwendet Eier, Fleisch und Federn von den Vögeln.

Viele Menschen erfreuen sich in ihrer Wohnung am Gesang und der Farbenpracht verschiedener **Vögel** als **Heimtiere**, z. B. an *Wellensittichen, Kakadus* und *Kanarienvögeln* .

Diese Vögel stammen meist aus fernen Ländern und erfordern eine liebevolle und artgerechte Haltung.

### Wellensittich

## Steckbrief

**Lateinischer Namen:** *Mellopsittacus undulatus*
**Deutscher Namen:** *Wellensittich*
**Merkmale:** *Körper:* etwa 16 cm bis 20 cm, *Gewicht:* etwa 35 bis 40 g;
*Färbung:* ursprünglich grasgrün, mit gelben Kopf, Jetzt gibt es viele Zuchtformen in den unterschiedlichsten Farben (Grundfarben aber Grün, Gelb, Blau, Weiß);
*Kopf:* Oberschnabel ist kräftig, leicht gebogen und spitz;
Wellensittiche gehören zu den echten Papageien.

**Ursprünglicher Lebensraum:**
Als häufigster Heimvogel hat der ursprünglich in Australien beheimatete Wellensittich weite Verbreitung gefunden. Er wurde in zahlreichen Farbtypen gezüchtet.

**Haltung:**
Gehalten wird er in einem mit Vogelsand versehenen Käfig, der mindestens 50 cm breit sein sollte. Bei einem Pärchen müsste der Käfig bis zu 100 cm breit sein. Wellensittiche fühlen sich zu zweit in einem Käfig wohler.

Unterschiedlich hoch angebrachte Sitzstangen ermöglichen ein Springen und Klettern dieses kleinen Papageien von Stange zu Stange.

**Nahrung:**
Der Wellensittich ist ein Körnerfresser und er liebt frisches Wasser. Futter und Wasser werden in Schälchen auf den Käfigboden gestellt. Höher angebrachte Fruchtstände von Gräsern stehen auf seinem *„Speisezettel"*.

**Pflege:**
Der Käfig muss einmal in der Woche, die Sitzstangen, Trink-, Futter- und Badegefäße müssen täglich gereinigt werden. Manche Wellensittiche lernen Geräusche und Sprache nachzuahmen.
Bei entsprechender Haltung, Pflege und Fütterung können sie ein Alter von 15 Jahren erreichen.

*Der Kanarienvogel ist der Sänger unter den Heimvögeln. Seine Heimat sind u. a. die Kanarischen Inseln. Gegenwärtig gibt es über 130 Rassen.*

## Haushühner – wichtige Nutztiere

Die ursprüngliche Heimat aller Haushühner ist Indien und Südostchina. Sie stammen von einer einzigen Wildhuhnart ab, dem noch heute dort wild lebenden **Bankivahuhn** (Abb. 1). Schon vor fast 4 000 Jahren begann die Züchtung des Wildhuhns zum Haushuhn. Wesentliche Verhaltensweisen sind erhalten geblieben.

Dazu gehören z. B. Eiablage in Nestern, Scharren im Boden nach Insekten, Körnern und Würmern, „Baden" in Sand und Staub, Ruhen erhöht auf Stangen.

Heute gibt es eine Vielzahl von **Hühnerrassen**. Sie werden so gezüchtet, dass sie entweder viele Eier legen (Legehühner) oder viel Fleisch ansetzen (Fleischhühner).

Gute **Legehühner** legen im Jahr bis zu 300 Eier, während das Bankivahuhn 2- bis 3-mal im Jahr 6 bis 12 Eier legt. Beliebte Legehühner sind die Rassen *Italiener* und *Leghorn*.

Die **Fleischhühner** sind etwas größer und kräftiger im Körperbau, wachsen schnell und setzen viel Fleisch an, z. B. die *Rhodeländer*.

Der Verbrauch an Hühnereiern als Nahrungsmittel ist sehr hoch. Deshalb wird die Mehrzahl der Hühner in Käfigen, in **Legebatterien** (Abb. 2), gehalten. Im Käfig stehen meist 4 bis 5 Hühner auf einem Drahtgitter. Die Käfige stehen in langen Reihen neben- und übereinander. Futter sowie Kot und Eier werden von Förderbändern hin- bzw. abtransportiert.

Bei der **Bodenhaltung** werden die Hühner im Stall gehalten (7 Hühner pro $m^2$). Sie haben meist Nester für die Eiablage, Platz zum Scharren und Sitzen, Futterstellen und Tränken, eine mit Draht abgedeckte Kotgrube.

Die den Verhaltensweisen angepasste artgerechte Haltung ist die **Freilandhaltung** (Abb. 3). Jedes Huhn hat neben dem Stallplatz eine Auslauffläche von 10 $m^2$.

1 ▸ Bankivahahn

2 ▸ Haltung in Käfigen (Legebatterie)

3 ▸ So fühlen sich Hühner am wohlsten!

# Vögel können fliegen

## Äußerer Körperbau und Skelett

Die kleine *Meise*, der riesige *Strauß*, der kräftige *Schwan* oder der winzige *Kolibri* sehen auf den ersten Blick sehr unterschiedlich aus. Betrachtet man ihre Körper einmal näher und vergleicht sie dann miteinander, kann man einige Gemeinsamkeiten erkennen.

*Der kleinste Kolibri, die Hummelelfe, hat ein Gewicht von 1,6 g und eine Spannweite der Flügel von 7,5 cm. Dagegen ist der Albatros mit einem Gewicht von etwa 8 kg und einer Spannweite der Flügel von 3,20 m ein wahrer Riese.*

Der **Körperbau** ist bei allen Vögeln in *Kopf, Rumpf, Schwanz* gegliedert. Sie alle besitzen *Vorder-* und *Hintergliedmaßen.*

Die Vordergliedmaßen sind zu **Flügeln** umgebildet. Sie dienen dem Fliegen. Die hinteren Gliedmaßen besitzen Krallen. Sie sind zum Laufen (z. B. *Strauß*,), zum Klettern (z. B. *Specht*), zum Scharren (z. B. *Haushuhn*), zum Greifen (z. B. *Waldkauz*) oder zum Schwimmen (z. B. *Stockente*) geeignet.

Alle Vögel besitzen einen zahnlosen **Hornschnabel**. Er hat verschiedene Formen. Die Körperform der Vögel ist an das Fliegen optimal angepasst. Sie ist stromlinienförmig. Die **Stromlinienform des Vogelkörpers** und seine glatte, durch die Federn gebildete Oberfläche bieten der Luft beim Fliegen wenig Widerstand (Abb. 1).

Auch das **Skelett** (Abb.2) weist Merkmale der Anpassung an das Fliegen auf.

Am Anfang der *Wirbelsäule* befindet sich der *Schädel* mit dem zahnlosen Schnabel.

Nach dem Halswirbelabschnitt bilden im Rumpfbereich zahlreiche Knochen den *Brustkorb mit den Rippen.* Auffällig ist dabei ein großer dreieckförmiger, flacher Knochen, das *Brustbein* mit dem *Brustbeinkamm.* An ihm sind große Muskeln befestigt, die eine schnelle und ausdauernde Flügelbewegung ermöglichen.

Die Wirbel der Wirbelsäule sind im Rumpfbereich bis zum sich anschließenden Schwanzteil starr miteinander verwachsen.

Das *Gliedmaßenskelett* (die Flügel- und Beinknochen) besteht aus länglichen Röhrenknochen. Sie sind hohl und mit Luft gefüllt.

Dadurch verringert sich die Masse des Vogelkörpers, und das Fliegen wird erleichtert.

**An das Fliegen sind die Vögel durch die Ausbildung von Flügeln, einen stromlinienförmigen Körper, durch hohle Knochen, einen starken Brustbeinkamm mit Brustmuskeln angepasst.** M

1 ▸ Stromlinienform des Vogelkörpers

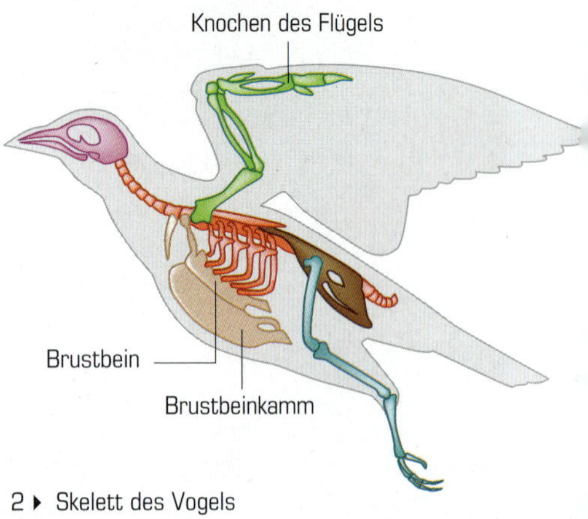


2 ▸ Skelett des Vogels

2

## Federkleid und Körpertemperatur

Vögel besitzen unterschiedliche Federn mit unterschiedlichen Aufgaben.

**Daunenfedern** sind kleine, lockere, weiche und watteleichte Federn, die direkt auf der Haut sitzen und den gesamten Körper umgeben. Sie wirken ähnlich wie das Fell der Säugetiere und schützen den Körper vor Kälte. Die Wärme bleibt im Vogelkörper. Die Daunenfedern bestehen aus einem zarten Schaft mit Büscheln von weichen „Federhaaren".

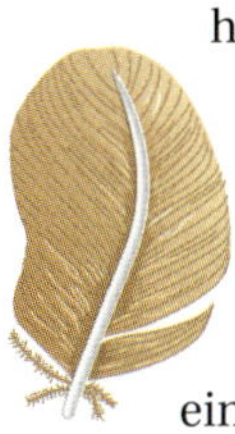

Über den Daunenfedern liegen wie die Ziegel auf einem Dach die **Deckfedern.** Die Deckfedern bestehen aus einer *Spule,* einem biegsamen *Schaft* und einer geschlossenen *Fahne* (Abb. 2). Sie liegen sehr dicht aneinander. Sie bedecken den Vogelkörper. Sie schützen den Körper vor Kälte, Wind und Wasser (s. Untersuchungen, S. 72). Beim Putzen ziehen die Vögel übrigens die Federn durch den Schnabel. Dabei fetten sie die Federn mit einem Fett ein, das aus der **Bürzeldrüse** stammt.

Die **Schwungfedern,** die mit einem dicken Federkiel in der Haut der Flügel sitzen, sind relativ groß. Es sind kräftige Federn mit einer geschlossenen Fahne, dicker Spule und festem Schaft. Sie ermöglichen das Fliegen, da sie als Armschwingen die Tragfläche des Flügels bilden. Beim Ausbreiten der Flügel entsteht eine dichte, fächerartige Fläche, die die Luft bei der Flügelbewegung verdrängt.

Am Schwanz befinden sich die **Schwanzfedern.** Sie sind der Schwungfeder ähnlich und besitzen dieselben Teile.

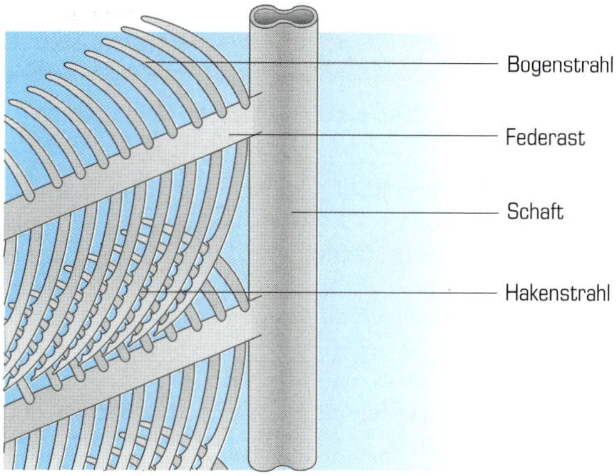


1 ▸ Aufbau einer Feder

Das sind die geschlossene Fahne, eine dicke Spule und ein fester Schaft. Sie dienen dem Vogel beim Fliegen als Steuer, beim Landen als Bremse.

Die Feder hat bei allen Vögeln den gleichen Aufbau (Abb. 1). Betrachtet man mit der Lupe die **Fahne der Feder**, so sieht man seitlich feine Äste abgehen. Unter dem Mikroskop würde man erkennen, dass die Äste durch **Federstrahlen** (Bogen- und Hakenstrahlen) miteinander verbunden sind. Dabei verhaken sich die Hakenstrahlen des einen Astes mit den Bogenstrahlen des anderen Astes. So entsteht eine geschlossene Fahne, die beim Fliegen keinen Wind durchlässt.

Durch die Federn wird auch verhindert, dass der Körper zu viel Wärme nach außen verliert. So haben die Vögel im Winter wie im Sommer die gleiche **Körpertemperatur** (ca. 42 °C). Sie sind **gleichwarm.**

*Die Daunenfedern der Gänse z. B. verwendet man als Füllung von Betten. Vor dem Kauf eines Federbettes muss man allerdings prüfen, ob man nicht allergisch reagiert.*

2 ▸ Teile einer Feder

M **Daunen, Deckfedern, Schwungfedern und Schwanzfedern bilden das Gefieder des Vogels. Daunen- und Deckfedern schützen u. a. vor Wärmeverlust. Schwung- und Schwanzfedern ermöglichen das Fliegen. Vögel sind gleichwarm.**

## Experimente • Untersuchungen

### 1. Untersuche den Feinbau von Federn.

*Materialien:*
Daunen-, Schwung- und Deckfedern, Lupe, Zeichenpapier

*Durchführung und Beobachtung:*
1. Betrachte mit bloßem Auge eine Daunen-, Deck- und Schwungfeder.
   Zeichne die Federn und beschrifte ihre Teile.
2. Reiße vorsichtig die Fahne der Deckfeder an einer Seite auseinander und betrachte diese Stelle mit der Lupe.
3. Betrachte mit der Lupe eine Daunenfeder. Beschreibe ihren Feinbau.

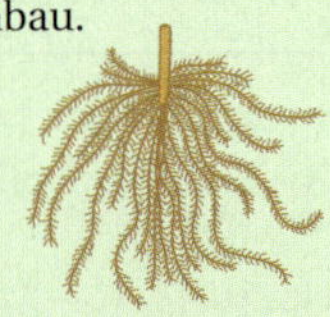

*Auswertung:*
1. Vergleiche Daunen-, Deck- und Schwungfeder miteinander.
2. Erkläre, wie die geschlossene Fläche der Fahne einer Deckfeder zustande kommt. Nimm die Abb. 1, S. 71 zur Hilfe.
3. Wozu nutzt der Mensch Federn?

### 2. Untersuche die Wasser abweisende Wirkung von Federn.

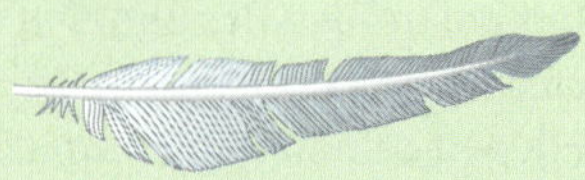

*Materialien:*
Schwung-, Deckfedern, Wasser, Pipette, mehrere Stunden in Geschirrspülmittel eingeweichte Deck- und Schwungfedern

*Durchführung und Beobachtung:*
1. a) Tropfe mit einer Pipette Wasser auf die Fahnen der nicht eingeweichten Federn. Was geschieht mit dem Wasser?
   b) Notiere deine Beobachtungen.
2. a) Tropfe mit der Pipette Wasser auf die Fahnen der vorher eingeweichten Federn. Beobachte wiederum, was mit dem Wasser geschieht.
   b) Notiere auch diese Beobachtungsergebnisse.

*Auswertung:*
1. Vergleiche die Beobachtungsergebnisse von Schritt 1 und Schritt 2.
2. Ziehe aus den Ergebnissen Schlussfolgerungen für das Fliegen.

### 3. Untersuche die Wärmeisolation von Federn.

*Materialien:*
2 gleich große Bechergläser (200 ml), Wasser, 2 Thermometer, Federn im Gazebeutel, Messuhr, Wasserkessel, Heizplatte

*Durchführung und Beobachtung:*
1. Ein Becherglas wird mit Federbeutel umhüllt, das 2. Gefäß verbleibt als Vergleichsobjekt (Abb.). In beide Bechergläser wird ein Thermometer gestellt.
2. In jedes Becherglas wird ganz vorsichtig (Arbeitsschutz beachten) die gleiche im Wasserkessel auf 45 °C bis 50 °C erhitzte Wassermenge eingefüllt (ca. 100 ml). Der Federbeutel wird dicht verschlossen.
3. Beobachte nach 5, 10 und 15 min die Höhe der Temperatur in den Thermometern und notiere sie.

*Auswertung:*
1. Vergleiche die gemessenen Temperaturen. Ziehe Schlussfolgerungen zur wärmeisolierenden Wirkung von Federm.
2. Welche Bedeutung hat das Ergebnis für die Vögel?

**Besonderheiten der Atmungsorgane**

Nicht nur der *Körperbau* der Vögel ist an das Fliegen angepasst.

Die Vögel benötigen zum Fliegen viel Energie. Diese Energie befindet sich in den Nährstoffen der Nahrung. Deshalb müssen sie viel fressen. Sie verdauen auch sehr schnell, damit diese Energie freigesetzt werden kann.

Für die Energiefreisetzung wird sehr viel Sauerstoff benötigt. Die **Atmungsorgane** der Vögel sind deshalb besonders leistungsfähig.

Die Vögel besitzen eine **Lunge** (Abb.1a) mit fein verzweigten Verästelungen. Die Lunge besteht aus zwei Lungenflügeln. Diese sind mehrfach gekammert.

Die Lunge besteht aus sehr vielen **Lungenbläschen**. Dadurch kann viel Sauerstoff aufgenommen und mit dem Blut in alle Teile des Körpers transportiert werden. Das Herz – als „Pumpe" – schlägt ebenfalls schneller als bei anderen Wirbeltieren. Beim Mauersegler schlägt es z. B. 700-mal pro Minute und beim Sperling sogar bis zu 850-mal. Im Vergleich dazu schlägt das Herz eines gesunden erwachsenen Menschen pro Minute etwa 60- bis 90-mal.

Eine Besonderheit bei den Vögeln sind die **Luftsäcke** (Abb. 1b). Sie stehen mit der Lunge in Verbindung. Sie liegen zwischen den Organen und reichen teilweise bis in die hohlen Knochen der Flügel und Beine hinein (Abb. 2).

Mithilfe dieser Luftsäcke können sie doppelt so viel Luft aufnehmen wie ein Säugetier, das vergleichbar groß ist.

Sie ermöglichen besonders bei langen Flügen eine sichere Atmung.

Durch die Luftsäcke werden die Masse des Vogels herabgesetzt und das Fliegen erleichtert.

*Ein Kolibri atmet beispielsweise 250-mal pro Minute, der Mauersegler 90-mal und ein Mensch dagegen nur 26-mal.*

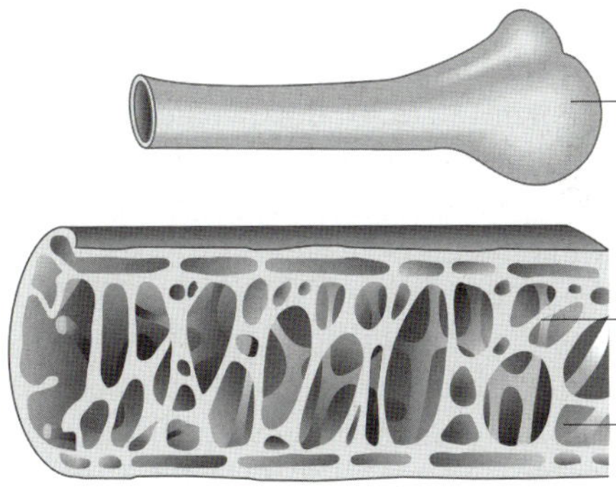


2 ▸ Hohle Knochen verringern die Masse des Vogelkörpers (Knochenlängsschnitt).

**Vögel benötigen zum Fliegen viel Sauerstoff. Luftsäcke (Ausstülpungen der Lunge) liegen zwischen den Organen und reichen in die Knochen hinein. Sie unterstützen die Atmung und verringern die Masse des Vogels.**

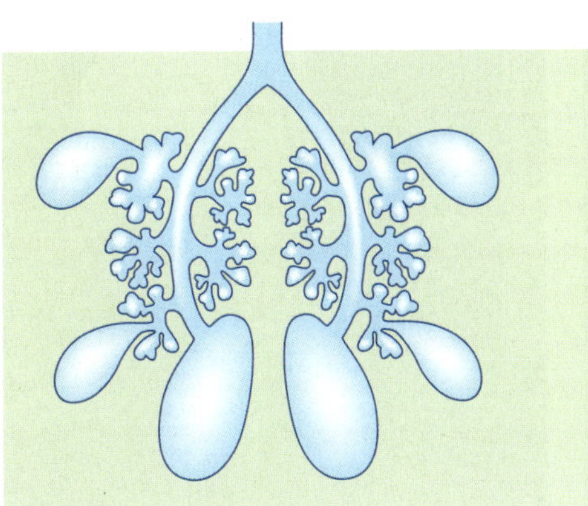

1a ▸ Durch die starke Kammerung der Vogellunge ist die innere Oberfläche sehr groß.

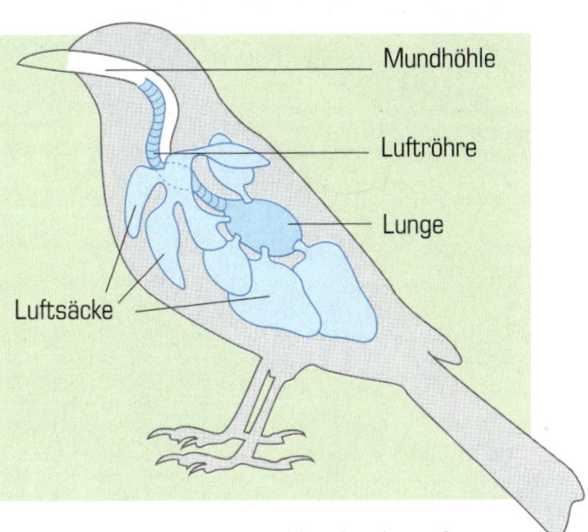


1b ▸ Die Atmungsorgane der Vögel weisen eine Besonderheit auf: Luftsäcke.

## Ernährung der Vögel

*Der Nahrungsbedarf bei den Vögeln hängt u. a. von ihrem Körpergewicht ab. Eine Blaumeise benötigt am Tag 3,6 g Nahrung. Das sind 30 Prozent ihres Körpergewichts.*

Beim Beobachten der Vögel kannst du feststellen, dass sie sich unterschiedliche Nahrung suchen.

Die *Meisen* hüpfen von Ast zu Ast und suchen an Zweigen und Blättern nach Insekten und deren Larven.

*Schwalben* fangen Fliegen und Mücken während des Fluges.

*Stare* gehen auf der taunassen Wiese herum und picken nach Würmern und Schnecken. Sie fressen aber auch reife Früchte wie Erdbeeren oder Kirschen.

*Enten* und *Gänse* durchseihen kopfüber im Wasser schwimmend den Bodengrund der Gewässer und erbeuten so kleine Krebschen, Fischchen oder Insektenlarven. Man sagt, sie gründeln.

Mit ihren bekrallten Zehen ergreift die *Schleiereule* Mäuse (Abb. 2). Der kräftige gebogene Schnabel ermöglicht ihr das Zerkleinern der Beute. Sie reißt sie in Stücke und verschlingt diese.

*Buchfink, Sperling, Kernbeißer* und *Stieglitz* (Abb. 1) hingegen ernähren sich u. a. von Sämereien (Körnern), Blättchen und jungen Trieben.

Jeder Vogel hat also eine spezielle Nahrung, entweder ernähren sie sich von Pflanzen, von Fleisch oder von beidem. Danach kann man sie in **Pflanzen-**, **Fleisch-** und **Allesfresser** einteilen.

Untersuchst du einen **Vogelschnabel**, dann wirst du die Zähne vermissen. Vögel können daher ihre Nahrung auch nicht zerkauen. Die Zerkleinerung der Nahrung übernimmt ein **Muskelmagen.** Oft findet man im Magen der Vögel kleine Steinchen, die den Vorgang unterstützen.

Vögel, die Samen fressen, sind **Körnerfresser.** Die Samen werden im Kropf vorher aufgeweicht. Deshalb haben zum Beispiel Tauben und Hühner nach dem Fressen einen dicken Hals. Die Nahrung wird von den Vögeln schnell verdaut, und die Reste werden ausgeschieden. Zusätzliche Masse erschwert dadurch nicht das Fliegen.

Die Form des Schnabels ist bei den verschiedenen Vogelarten auch sehr unterschiedlich.

1 ▸ Stieglitz – Pflanzenfresser

2 ▸ Schleiereule – Fleischfresser

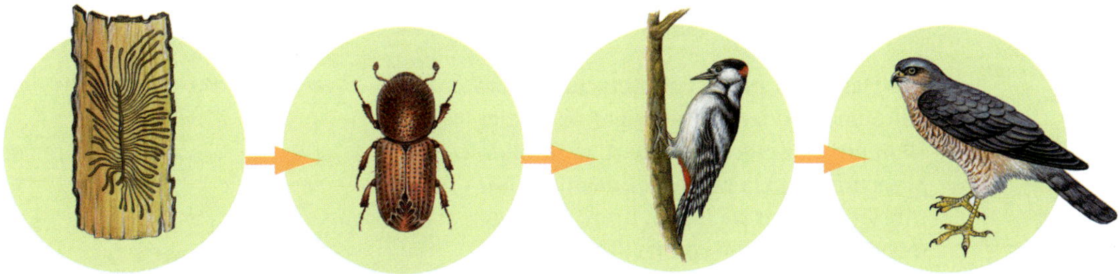


1 ▸ Vögel sind Glieder einer Nahrungskette.

Interessant dabei ist der **Zusammenhang zwischen der Art der Nahrung, der Nahrungsaufnahme und der Schnabelform** (Tab.).

Der Sperling beispielsweise sucht am Boden nach Sämereien. Er selbst ist Beute für den Habicht. Solch einfache Nahrungsbeziehung zwischen Pflanze oder Teilen einer Pflanze, Pflanzenfresser und Fleischfresser wird von Biologen als **Nahrungskette** (Abb. 1) bezeichnet.

Pflanzen sind Anfangsglieder von Nahrungsketten. Als nächste Glieder folgen dann die Pflanzenfresser und die Fleischfresser. Dabei werden oftmals die ersten Fleischfresser wieder als Nahrung verzehrt. Beispielsweise frisst der Borkenkäfer Gänge in die Rinde von Fichten. Er wird vom Specht gefressen. Dieser wiederum ist Beute für den *Habicht* (Abb. 1).

> **Vögel nehmen tierische und pflanzliche Nahrung mit dem Schnabel auf. Zwischen der Art der Nahrung und der Schnabelform besteht eine enge Beziehung. Vögel sind wichtige Glieder von Nahrungsketten.**

| Vögel | Specht | Buchfink | Kernbeißer | Weißstorch | Bussard | Ente |
|---|---|---|---|---|---|---|
| |  | | | | | |
| **Schnabelformen** | lang und spitz, kräftig | kurz und spitz, kräftig | kurz, kräftig, meißelförmig | lang und spitz | Oberschnabel hakig gebogen | breit, vorne rund, mit kräftigen Hornleisten |
| **Nahrung und Ernährungsweise** | Hacken von Löchern in den Baum, Herausholen z. B. der Insektenlarven | Zerbeißen harter Fruchtschalen, Ernährung von Samen | Zerbeißen z. B. von Kirsch- und Pflaumensteinen | Ergreifen der Beute, z. B. Frösche | Herausreißen von Fleischstücken aus Beutetieren, z. B. Mäusen | „Ergründeln" der Nahrung aus Wasser und Schlamm mit Hornleisten des Schnabels, z. B. Pflanzenteile, Insektenlarven |

## Fortpflanzung und Entwicklung der Vögel

*Es ist sehr selten, dass Vögel ein ganzes Leben lang mit einem Partner zusammenbleiben. Die Paarbindung muss zur Brutzeit durch Balzrituale erneuert werden.*

*Der Pfau z. B. spreizt seine schönen blauen Federn, die Zaunkönige singen z. B. im Duett.*

Der Hahn fällt in der Hühnerschar sofort auf. Sein Gefieder ist prächtiger als das der Hennen. Außerdem stolziert er umher. Manchmal lockt er eine Henne mit Futter (Abb. 1). Kommt sie näher, umwirbt er sie mit einem Tanz und spreizt dabei den von ihr abgewandten Flügel. Geht die Henne auf sein Werben ein, duckt sie sich. Das ist das Zeichen für den Hahn. Er springt auf die Henne und presst seine Kloakenöffnung auf die des Weibchens.

Bei dieser **Paarung** werden die Samenzellen (Spermien) des Männchens, die in den Hoden gebildet wurden, in das Weibchen übertragen (Abb. 2). Bei Hühnern nennt man das übrigens *Treten*.

**Befruchtung:** In den Eierstöcken des Weibchens werden ständig Eizellen gebildet. Diese wachsen heran und verlassen den Eierstock als Dotterkugeln.

Nach der Paarung wandern die Spermien im Eileiter entlang. Wenn sie im oberen Teil des Eileiters auf die Eizellen treffen, dringen die Spermien in die Eizellen ein. Das Ei ist befruchtet. Auf der Dotterkugel ist jetzt eine winzige Keimscheibe zu sehen. Da die Befruchtung im Körper stattfindet, spricht man von einer **inneren Befruchtung**.

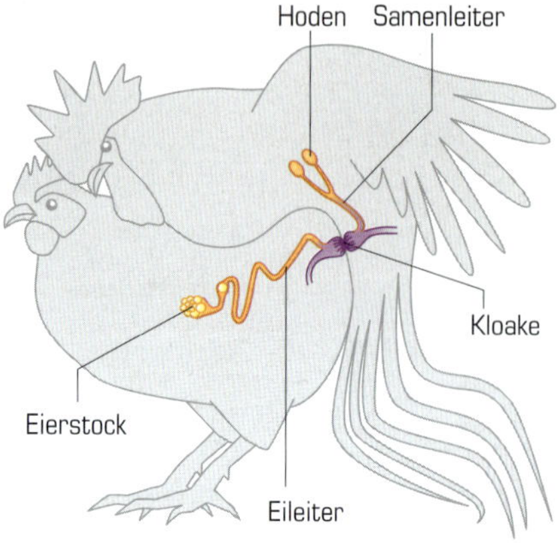


2 ▸ Fortpflanzungsorgane und Paarung bei Vögeln

**Entwicklung des Eis:** Auf dem Wege durch den Eileiter zur Kloake entwickelt sich das befruchtete **Ei** (Abb. 1, S.77). Im mittleren Teil des Eileiters wird die befruchtete Eizelle mit einer Hülle aus Eiklar umgeben. Die Hagelschnüre bilden sich.

An der Schalendrüse des Eileiters angekommen, werden die Dotterkugel und das Eiklar mit der Kalkschale umgeben. Über die Kloake verlässt das fertige Ei den Vogelkörper.

**Nestbau:** Bevor jedoch das Ei gelegt werden kann, bauen viele Vögel ein Nest.

1 ▸ Fortpflanzungsverhalten bei Vögeln: Der Hahn wirbt mit Futter und einem „Tanz" um das Weibchen.

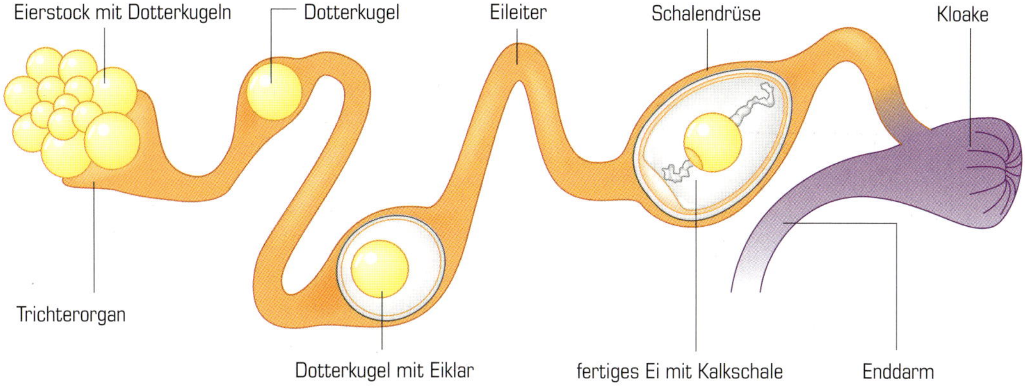


1 ▸ Entwicklung des Eis im Vogelkörper

Dafür verwenden sie die verschiedensten Materialien: kleine Zweige, Federn, trockene Grashalme. In die Nester werden die Eier gelegt, die Anzahl hängt von der Art ab. Es sind **Eigelege.**

**Brut:** Die Eier müssen nun von den Altvögeln bebrütet werden. Dabei wird die Körperwärme der Elternvögel auf die Eier übertragen. Diese Wärme ist notwendig, damit sich im Ei ein Küken entwickeln kann. Während der Brut werden die Eier gedreht. Die Eier dürfen nicht unter 25 °C abkühlen.

Während des Brütens entwickelt sich aus der Keimscheibe (Abb. 2) ein Embryo, der Keimling.

Der Embryo verbraucht für sein Wachstum und seine Entwicklung die im Eiklar und im Eidotter enthaltenen Nährstoffe.

Nach ca. 20 Tagen (z. B. Haushuhn) ist die Entwicklung abgeschlossen und das junge Vogelküken schlüpft; es bricht die Kalkschale von innen her auf. Nun beginnt die Entwicklung des jungen Vogels.

**Untersuchung:**

1. Schlage vorsichtig ein rohes Ei an, lass es in eine Petrischale auslaufen (Abb. 3). Fertige eine Zeichnung an und beschrifte die erkennbaren Teile.
2. Durchsteche mit der Pinzette die Dotterhaut. Was beobachtest du?

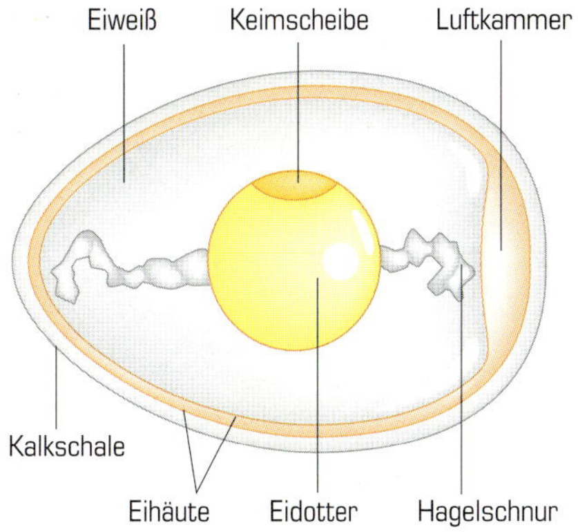


2 ▸ Bau des Vogeleis (Schema)

3 ▸ Rohes aufgeschlagenes Hühnerei

## Verhaltensweisen der Vögel

Im Frühling ist der **Gesang der Singvögel** zu hören. Mit dem Gesang kennzeichnen Vögel ihr **Revier.**

Dieser Reviergesang wird von den Männchen ausgeführt, je nach Vogelart zu den verschiedensten Tageszeiten. Meist werden jedoch die frühen Morgenstunden und die Zeit vor Sonnenuntergang bevorzugt.

Typische Morgensänger sind z. B. *Lerche, Hausrotschwanz, Rotkehlchen* und *Buchfink. Amselhähne* singen morgens und abends.

Mit dem Gesang werden auch die Weibchen angelockt. Nun beginnt die **Balz,** das **Paarungsverhalten.** Oftmals plustern sich die Männchen vor den Weibchen auf, ordnen ihr Gefieder und stellen es zur Schau.

Das Verhalten am Brutort kannst du bei der *Amsel* gut beobachten. Sie zeigt in ihrem Brutgebiet bestimmte **Verhaltensweisen** (Abb. 1).

**Vögel grenzen ihr Revier durch Gesang ab. Sie zeigen am Brutort ein typisches Fortpflanzungsverhalten.** M

1 ▸ Fortpflanzungsverhalten der Amsel

1 ▸ Störche bauen riesige Nester.

**Die Kunst des Nestbaues**: Nachdem sich Vogelmännchen und Weibchen gefunden haben, beginnen sie sofort, ein Nest zu bauen. Denn es muss fertig sein, bevor die Eier gelegt werden. Auch die Jungvögel brauchen später eine Heimstatt.

Im Normalfall werden die Nester nur für eine Brut gebaut. Es gibt aber auch Vögel, die das Nest mehrmals zur Brut nutzen. Dazu gehören z. B. *Störche* (Abb.1) und *Amseln*. Andere wiederum nutzen das Nest nach der Brut als Schlafplatz.

Die Nester bestehen aus kleinen Zweigen, Blättern oder Grashalmen. Das Männchen hilft oft mit, diese kleinen Kunstwerke zu errichten.

Die Nester werden normalerweise entweder in Büschen, Bäumen oder am Boden erbaut. Aber es gibt unter den Vögeln eine Reihe, die ganz erstaunliche Nestbautechniken und Nestformen entwickelt haben.

*Seeadler* nisten in Horsten z. B. auf hohen Bäumen oder Felsen. Sie überbauen diese Horste ständig, so dass sie eine beträchtliche Höhe erreichen. *Haubentaucher* bauen Nester, die auf dem Wasser schwimmen können.

**Die Aufzucht der Jungen:** Der Entwicklungsstand der Küken nach dem Schlupf ist sehr unterschiedlich. Einige Junge sind nackt, blind und völlig hilflos. Man bezeichnet sie als **Nesthocker.** Sie sind auf die Hilfe der Eltern angewiesen. Diese müssen sie wärmen und füttern. Sie betreiben **Brutpflege.**

Zu den Nesthockern gehören z. B. junge *Tauben, Amseln* (Abb. 2) oder die Jungen des *Sumpfrohrsängers* sowie *Sperlinge* und *Meisen.*

Küken der *Stockente* (Abb.) und des Haushuhns sind nach dem Schlupf voll entwickelt und können unter der Obhut der Glucke Futter suchen. Sie sind **Nestflüchter.**

Schon in den ersten Lebensstunden wirken das Bild und die Lautäußerungen (Piepen) der „Mutter“ so stark auf die Küken ein, dass sie sie nicht mehr vergessen. Die Küken sind auf ihre „Mutter“ **geprägt.** Dieser **Lernvorgang** ist für die Jungen lebensnotwendig. Auf der Suche nach Futter oder bei Gefahr müssen die Küken ihrer „Mutter“ unbedingt folgen können.

2 ▸ Amselmännchen füttert seine Jungen.

## Vögel brauchen unseren besonderen Schutz

*Zum Schutz der Greifvögel hat man an den Feldern entlang der Autobahnen Sitzkrücken oder Pfähle für die Vögel angebracht.*

In **Sachsen** waren ca. 200 einheimische Vogelarten bekannt. Eine Vielzahl der Arten (90 Arten) musste in die **rote Liste** aufgenommen werden.

10 Vogelarten sind als ausgestorben bzw. verschollen registriert. Dazu gehören z. B. *Sumpfohreule, Moorente, Blauracke, Schlangenadler, Uferschnepfe* und *Großtrappe.*

Vom Aussterben bedroht sind 15 Arten, u. a. *Steinkauz, Rohrdommel, Wachtelkönig, Wanderfalke, Birkhuhn* (Abb. 1), *Wiedehopf.*

Stark gefährdet sind 22 Arten, z. B. *Uhu, Schwarzstorch, Wendehals* und *Baumfalke.*

Zu den 22 gefährdeten Arten gehören u. a. *Eisvogel, Wasseramsel, Dohle, Uferschwalbe, Wachtel, Schleiereule* sowie *Weißstorch.*

M **In der roten Liste von Sachsen stehen wie in anderen Ländern zahlreiche Vogelarten. Viele Vögel sind vom Aussterben bedroht bzw. gefährdet. Sie müssen daher besonders geschützt werden.**

1 ▸ Birkhuhn (vom Aussterben bedroht)

Die **Ursachen** für das Aussterben und die Gefährdung der Vogelarten liegen u. a. in der *Zerstörung der Lebensräume* durch den Menschen, z. B. durch Nutzung weiter Flächen für Land- und Forstwirtschaft, durch Zersiedelung und Bebauung der Landschaft.

Als *sehr negativ* hat sich die Entwässerung erwiesen.

Beispielsweise wurde durch Trockenlegen von Niederungen und Feuchtwiesen der Lebensraum des *Weißstorches* und damit sein Hauptnahrungsgebiet sehr eingeschränkt. Die Nahrung des Weißstorchs bilden nämlich Frösche, Mäuse, Maulwürfe, Schnecken, Insekten und ihre Larven.

Das **Storchennest** ist ein riesiges Bauwerk aus Zweigen, das der Storch in einem Baum, auf einem Turm oder einem Dach errichtet. Störche sind weitgehend ortstreu. Sie belegen Jahr für Jahr denselben Horst. Deshalb ist neben der Erhaltung seines Lebensraumes eine weitere wichtige Schutzmaßnahme für den *Weißstorch* das Errichten von Nistplätzen, z. B. mithilfe von Wagenrädern.

Der farbenprächtige *Eisvogel* ist einer der schönsten unter den europäischen Vögeln. Er lebt an klaren Gewässern, z. B. an Flüssen, Bächen, Seen, mit lehmigen oder sandigen Uferböschungen. Er gräbt in die Ufer eine bis zu 1 m tiefe Nisthöhle. Er erbeutet im Sturzflug kleine Fische, Insekten und Larven (Abb.1, S.81). Gefährdet ist der Eisvogel insbesondere durch die zunehmende Bebauung der Ufer und Verschmutzung unserer Gewässer.

Die wichtigste Maßnahme zum Schutz der Vögel ist die **Erhaltung ihrer Lebensräume**. Jeder Einzelne kann etwas für den Schutz der Vögel tun.

1 ▸ Eisvogel (gefährdet)

So kann man Nistkästen für Meisen bauen oder dafür sorgen, dass brütende Vögel nicht durch Katzen gestört werden (Abb. 2).

Oder man sammelt Samen und Früchte für die Winterfütterung. Dazu eignen sich besonders Früchte von Holunder, Weißdorn, Sonnenblume und Eberesche.

Auch das Anpflanzen und die Pflege von Hecken ist eine Möglichkeit des Vogelschutzes. Viele Vögel ernähren sich von den Früchten und Samen der Heckenpflanzen, z. B. die *Goldammer*, oder sie bauen ihre Nester in die schützenden Heckensträucher, z. B. der *Zaunkönig*.

**Der beste Schutz für Vögel besteht in der Erhaltung ihrer Lebensräume. Jeder Einzelne kann einen Beitrag zum Schutz der Vögel leisten.** M

2 ▸ Schutzmaßnahmen für unsere Vögel: Nistkästen und Katzenschutz

## Erschließungsfeld

### Information

Die Amsel kann man das ganze Jahr über in Wäldern, Gärten und Parkanlagen antreffen. Im zeitigen Frühjahr singen die Amselmännchen frühmorgens und am Abend bevorzugt von einer Baumspitze oder einem Dachfirst.

Was bedeutet der Vogelgesang?

1. Welche Aussagen sind richtig?
   Vögel singen
   - zum Zeitvertreib
   - um ihr Revier abzugrenzen
   - um uns Menschen zu erfreuen
   - um Weibchen anzulocken
   - um sich untereinander zu verständigen

Amseln betreiben bei der Aufzucht ihrer Jungen eine intensive Brutpflege. Auch nach dem Verlassen des Nestes werden die jungen Amseln von ihren Eltern am Boden gefüttert. Während dieser Zeit tauschen die Jung- und die Altvögel ständig Laute aus.

▸ Schema 1

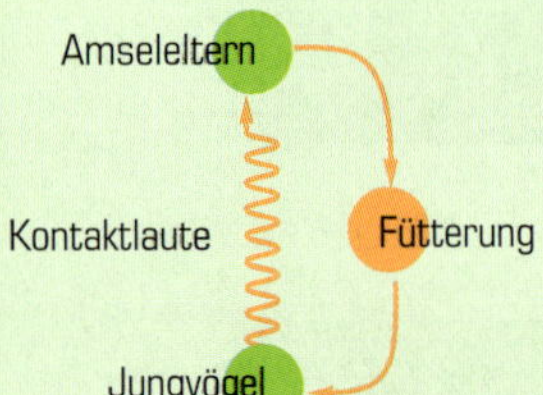


2. Erkläre das Schema 1 zum Verhalten von Amseln bei der Fütterung der Jungen. Beachte dabei folgende Schwerpunkte:
   - Wer vermittelt die Informationen („Sender")?
   - Wer empfängt die Informationen („Empfänger")?
   - Welche Information wird vermittelt)?

Bei Gefahr (z.B. Annähern eines Menschen) senden die Altvögel Warnrufe aus. Die Jungen verhalten sich ganz ruhig und werden nicht gefüttert.

3. Stelle das Verhalten der Amseln bei Gefahr schematisch dar und erkläre das Verhalten unter Beachtung der Schwerpunkte aus der Aufgabe 2.

4. Erläutere mithilfe der Abb. 1, S. 78 weitere Verständigungsformen bei Amseln und das daraus resultierende Verhalten.

▸ Schema 2

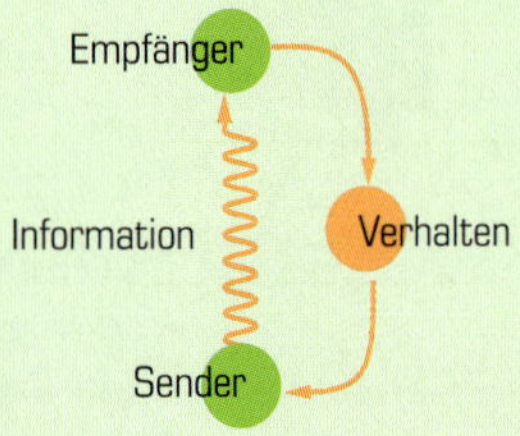


**Zusammenfassung:**

Die Information beschreibt die Fähigkeit von Lebewesen, Nachrichten untereinander und damit mit der Umwelt auszutauschen, und erläutert das daraus resultierende Verhalten.

2

## Teste dich selbst!

1. Benenne die Teile des abgebildeten Vogelskelettes.

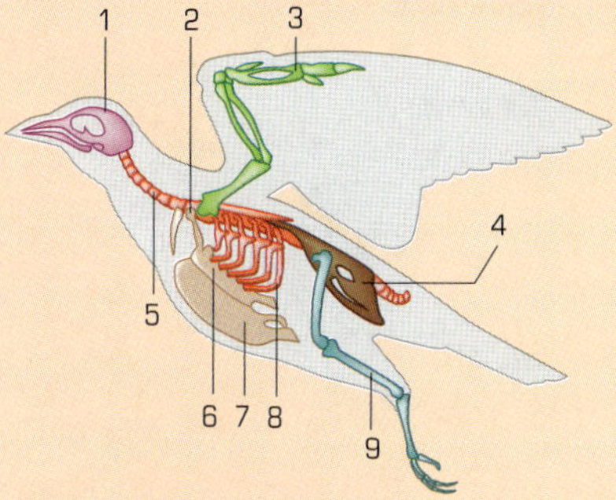


2. Erkläre, wie das Skelett durch seinen Aufbau an das Fliegen der Vögel angepasst ist.

3. Die Tabelle gibt die Körperlängen und -massen von 3 Vogel- und 3 Säugetierarten an.

| Art | Körperlänge | Körpermasse |
|---|---|---|
| Mauersegler | 17 cm | 43 g |
| Maulwurf | 17 cm | 120 g |
| Saatkrähe | 46 cm | 670 g |
| Kaninchen | 45 cm | 2 000 g |
| Weißstorch | 102 cm | 4 400 g |
| Biber | 100 cm | 30 000 g |

a) Vergleiche die Angaben. Ziehe eine Schlussfolgerung zur Angepasstheit der Vögel an das Fliegen.
b) Beweise die Richtigkeit deiner Schlussfolgerung. Finde dazu Besonderheiten im Bau der Vögel.

4. An welchen Merkmalen erkennst du, dass die Stockente ein Wasservogel und der Strauß ein Laufvogel ist?

5. Pinguin und Strauß haben annähernd die gleiche Körpertemperatur.

a) Ermittle mithilfe von Klimakarten (Atlas) die durchschnittlichen Temperaturen in den Lebensräumen beider Arten.
b) Wie muss das Gefieder der beiden Arten aufgebaut sein?
Begründe deine Aussagen.

Strauß

Pinguin

6. Singvögel grenzen ihr Revier durch Gesang ab.
Beschreibe die Verhaltensweise.
Begründe, warum Revierbesitz vorteilhaft ist.

7. Kurze Zeit nach dem Schlüpfen werden Vogeljunge auf ihre anwesenden Eltern geprägt.

a) Beschreibe den Prägungsvorgang. Welche Signale gehen von den Elternvögeln aus? Was bewirken die Signale beim Jungtier?
b) Begründe, warum dieser Lernvorgang für die Jungvögel lebensnotwendig ist.
c) Was wird wohl passieren, wenn sich statt der Elternvögel ein Mensch um die frisch geschlüpften Küken kümmert? Begründe deine Vermutung.

8. Kohlmeisen, Rotkehlchen und Mönchsgrasmücken vertilgen große Mengen von Raupen und Blattläusen.
Welchen Nutzen hat das für den Menschen?

## Das Wichtigste auf einen Blick

### Vögel als Eroberer der Luft

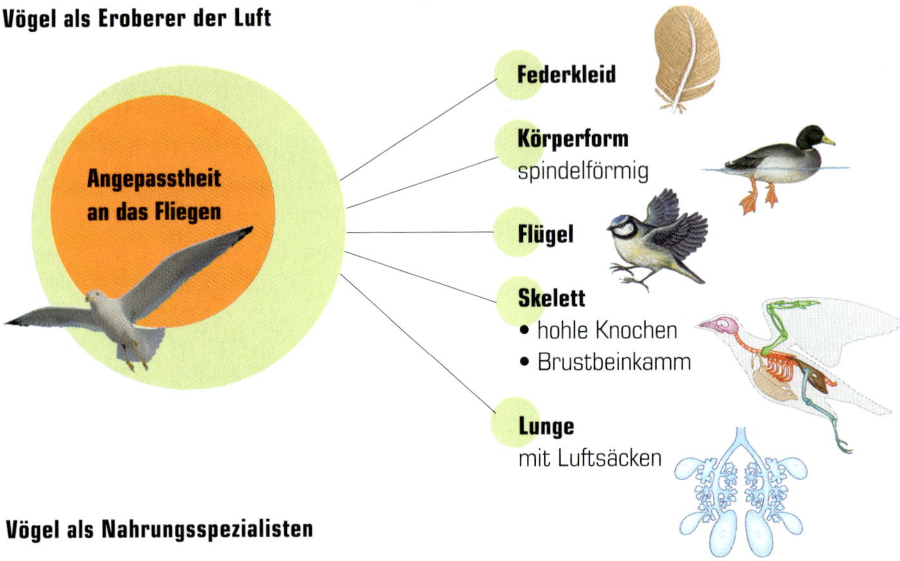


### Vögel als Nahrungsspezialisten

Unter den Vögeln gibt es **Pflanzenfresser** (z. B. Buchfink), **Fleischfresser** (z. B. Habicht) und **Allesfresser** (z. B. Stockente).

Zwischen der Nahrung und der Schnabelform der Vögel besteht ein enger Zusammenhang.

### Fortpflanzung und Entwicklung der Vögel

**Innere Befruchtung** → **Nestbau und Ablage der Eier** → **Schlupf des Jungvogels** → **Brutpflege**

**Brutpflege** → **Nesthocker** z. B. Amsel / **Nestflüchter** z. B. Haushuhn

### Angepasstheit der Vögel an Lebensräume

Wasser

Höckerschwan als Schwimmvogel

Luft

Rotmilan als guter Flieger

Land

Großtrappe als Laufvogel

2

# 2.5 Säugetiere sind an ihre Lebensräume angepasst

**Säugen bis zu 2 Jahren** Die Jungen von Säugetieren werden nach der Geburt gesäugt. Von dort leitet sich auch der Name dieser Tiergruppe ab. Dabei ist die Zeit, in der die Jungen gesäugt werden, unterschiedlich lang. Igel säugen ihre Jungen bis zu 20 Tagen und Löwen bis zu 10 Monaten. Die Jungen von Elefanten und Nashörnern werden bis zu 2 Jahren gesäugt.

**Winzlinge und Riesen** Der Grundaufbau des Körpers ist bei allen Säugetieren ähnlich. Sie sind in Kopf, Rumpf und Schwanz gegliedert. Allerdings unterscheiden sie sich in Körperlänge und -größe erheblich. Der Winzling unter den Säugetieren ist die Etruskerspitzmaus mit 4 cm Körperlänge und einem Gewicht von 2 g. Als größtes und schwerstes Säugetier gilt der Blauwal. Mit 136 000 kg Körpergewicht und einer Länge von 33 m schlägt er alle anderen Säugetiere.

## Vertreter der Säugetiere

Es gibt eine Vielzahl von Säugetieren. Sie unterscheiden sich im Aussehen, in der Größe und auch im Verhalten. Viele Säugetiere bewohnen gemeinsam einen Lebensraum, z. B. den **heimatlichen Wald** (Abb.), ein Getreidefeld (Abb., S. 87), die Arktis, die **afrikanische Savanne,** ein Gewässer oder eine Hecke.

### Tiere des Waldes

#### Siebenschläfer

Nahrung: Samen, Knospen, Früchte, Insekten, Vogeleier, Jungvögel

Merkmale: 13 bis 19 cm groß, grauer Rücken, heller Bauch, buschiger Schwanz, große Augen; Nagergebiss; nachtaktiv; Winterschlaf, **gefährdet**

#### Rothirsch

Nahrung: Gras, junge Zweige

Merkmale: pferdegroß, Fell braun bis rotbraun, Hirsch trägt großes Geweih, Hirschkuh geweihlos; lebt in Rudeln

#### Waldspitzmaus

Nahrung: Käfer, Schnecken, Insektenlarven, Würmer, Spinnen

Merkmale: 6 bis 9 cm groß, dunkel- bis schwarzbrauner Rücken, vom helleren Bauch durch einen gelben Streifen getrennt, rüsselförmige Schnauze; winzige Augen, **geschützt**

#### Reh

Nahrung: Gras, junge Zweige

Merkmale: nicht größer als 90 cm, Fell braun bis rötlich, Jungtiere (Kitz) mit Flecken, Rehbock mit kleinem Geweih, weibliche Rehe tragen kein Geweih, lebt in Rudeln

2

## Tiere des Feldes

### Feldmaus

Nahrung: Wurzeln, Halme, Getreidekörner
Merkmale: 9 bis 12 cm groß, graubraunes Fell, kurzer Schwanz, stumpfe Schnauze, kleine Ohren, Nagetiergebiss; unterirdische Nester; zahlreiche Nachkommen, es kann zur „Mäuseplage" kommen

### Feldhase

Nahrung: Gras, Wildkräuter, Klee, Rüben, Kohl
Merkmale: bis 70 cm groß, graubraunes Fell, lange, kräftige Hinterbeine, lange Ohren mit dunklen Spitzen, gut ausgebildeter Gehör-, Geruchs- und Sehsinn; Einzelgänger; Junge sind Nestflüchter, **gefährdet**

### Wildkaninchen

Nahrung: Gemüsepflanzen, Rinde junger Bäume, Gras, Wildkräuter
Merkmale: bis 50 cm groß, weißlich graues Fell, Beine kurz, Ohren kürzer als Kopf und ohne schwarze Spitzen; gut ausgebildeter Gehör-, Geruchs-, Sehsinn; lebt in Kolonien im unterirdischen Bau; Junge sind Nesthocker

### Rotfuchs

Nahrung: Mäuse, Vögel, Hasen u. a.
Merkmale: rötlich braunes Fell, bis 70 cm groß mit langem Schwanz; Raubtiergebiss; Überträger der Tollwut; Einzelgänger; Junge sind Nesthocker

### Wildschwein

Nahrung: Eicheln, Kastanien, Kartoffeln, Mäuse, Wurzeln
Merkmale: bis 4 Zentner schwer, borstiges schwarzgraues Fell, lang gezogene Schnauze; Allesfresser; lebt in Rotten; Junge sind Nestflüchter

## Säugetiere als Haustiere

Aus der Geschichte wissen wir, dass es vor allem *Wildziege, Wildschaf* und *Wildschwein* waren, die der Mensch in seine Siedlung holte. Später folgten *Wildpferd* und *Wildrind.*

Aus diesen **Wildtieren** züchtete der Mensch die heutigen **Nutztiere,** z. B. *Ziege* (Abb. 2), *Wasserbüffel, Hausrind, Pferd, Schaf* und *Hausschwein.*

Auch die **Heimtiere** wie *Katzen, Goldhamster, Kaninchen, Meerschweinchen* (Abb. 1) und *Mäuse* stammen von Wildtieren ab, der **Hund** z. B. vom **Wolf.**

Heimtiere werden gern gehalten, weil es Freude bereitet, diese Tiere zu streicheln, sie mit Futter zu versorgen und mit ihnen zu spielen. Außerdem ist es interessant, ihr Verhalten zu beobachten.

**Die Haustiere wurden aus Wildtieren gezüchtet. Sie zeigen ein anderes Aussehen und Verhalten. Man teilt Haustiere in 2 Gruppen ein – in Heimtiere (werden in Wohnungen gehalten) und in Nutztiere (bringen wirtschaftlichen Nutzen).** M

1 ▲ Beliebte Heimtiere sind Hamster, Hauskaninchen, Meerschweinchen und die Hauskatze.

2 ▸ Der Mensch nutzt Haustiere als Nahrungslieferanten und als Transportmittel.

1 ▲ Wolf

2 ▸ Setter
3 ▸ Retriever
4 ▸ Dalmatiner
5 ▸ Schäferhund

### Der Wolf – Vorfahre des Hundes

Auf den Abbildungen (s. o.) werden 4 verschiedene Hunderassen vorgestellt. Es gibt aber über 400!

Diese Hunde besitzen individuelle Merkmale. Sie unterscheiden sich z. B. in der Körpergröße, der Beinlänge, der Felldichte und -farbe sowie in der Form der Schnauze. Auch im Verhalten sind sie sehr verschieden. Manche sind sehr sanft, anderere wiederum aggressiv.

Trotz dieser Unterschiede haben sie viele gemeinsame Merkmale. Sie sind Fleischfresser und besitzen einen gut ausgebildeten Geruchs- und Gehörsinn. Alle uns heute bekannten Haushundrassen haben einen gemeinsamen Vorfahren, nämlich den **Wolf**.

Um das herauszufinden, hat man viele Untersuchungen angestellt. Man hat z. B. die Hirnmasse und das Verhalten von Haushunden mit den drei infrage kommenden Vorfahren, *Wolf, Kojote* und *Schakal*, verglichen.

Die Ergebnisse waren eindeutig, der Wolf wies die gleichen Merkmale auf. Das Einfangen und Zähmen des Wolfes begann vor etwa 14 000 Jahren.

*Das Deutsche Edelschwein wurde in der 2. Hälfte des 19. Jahrhunderts gezüchtet. Charakteristisch sind die Stehohren. Das Tier nimmt täglich 840 g zu und ist in 162 Tagen schlachtreif.*

**Das Hausschwein – wichtiger Fleischlieferant**

In Deutschland werden ca. 20 Millionen Schweine gehalten. Bei guter Fütterung mit energiereichem Mastfutter nehmen die Hausschweine schnell an Masse zu. Nach 4 bis 7 Monaten sind sie mit 100 kg bis 110 kg Lebendgewicht schlachtreif.

Neben Fleisch werden vom Menschen weitere Teile des Schweines verwertet (Abb. 1).

Die vorwiegende Haltung der Schweine ist eine **Intensivhaltung**, auch industrielle Schweinehaltung genannt. Dies ist eine Stallhaltung ohne Stroh und Tageslicht. Die Hausschweine stehen auf Betonplattenböden, durch die Kot und Urin hindurch in Sammelbehälter fallen. Das Gemisch aus beiden wird als *Gülle* auf Äcker und Weiden verrieselt. Die Tiere bekommen keinen Auslauf.

Diese Schweinehaltung ist darauf gerichtet, dass die Hausschweine in möglichst kurzer Zeit viel Muskelfleisch ansetzen. Sie ist **nicht artgerecht**.

Das bedeutet, dass die Tiere nicht entsprechend ihren natürlichen Verhaltensweisen untergebracht werden. Normalerweise bewegen sich Hausschweine gerne. Sie durchwühlen mit ihrem Rüssel den Erdboden nach Nahrung und wälzen sich in Pfützen. Sie suhlen sich.

Artgerechter für Schweine ist die **Buchtenhaltung**. Die Buchten sind zur Hälfte mit Spaltböden versehen, die andere Hälfte bildet den mit Stroh ausgelegten Ruhebereich.

In den Buchten leben mehrere Schweine zusammen (Abb. 1, S. 91).

Wirklich artgerecht ist nur die **Freilandhaltung** (Abb. 1, S. 91). Die angeborenen Verhaltensweisen wie Wühlen und Suhlen können von den Hausschweinen ausgeführt werden.

1 ▸ Verwertbare Teile des Schweines und erzeugte Produkte

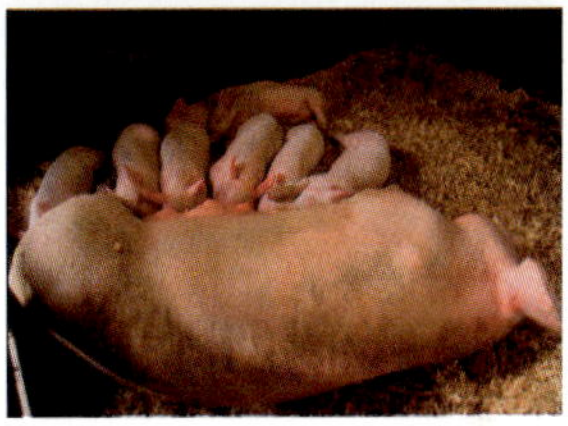

1 ▸
In Buchten leben Schweine eng zusammen. Bei der Freilandhaltung bleiben sie fast immer draußen.

**Das Wildschwein – Stammform unserer Hausschweine**

Unsere Hausschweine stammen vom Wildschwein ab. Schon vor ungefähr 9 000 Jahren begannen die Menschen aus den Wildschweinen verschiedene Hausschweinrassen zu züchten.

Die Wildschweine halten sich tagsüber z. B. im Unterholz von Laubwäldern und Kiefernschonungen auf. In der Dämmerung und nachts gehen sie auf Nahrungssuche. Sie durchwühlen mit ihrer rüsselförmigen Schnauze den Erdboden nach Fressbarem, z. B. nach Samen, Früchten, Wurzeln, Insekten, Mäusen, aber auch nach Kartoffeln und jungen Getreidepflanzen.
Durch ihr dichtes, schwarzbraunes Borstenkleid sind die Wildschweine in ihrem Lebensraum gut getarnt.

Die Sauen (Bachen) und Jungtiere leben meist in Familienverbänden, den Rotten, zusammen. Ausgewachsene Wildschweineber (Keiler) sind dagegen Einzelgänger.
Wildschweine werden u. a. wegen ihres Fleisches gejagt.

2 ▸
Eine Bache mit ihren Jungen (Frischlingen) auf Futtersuche

# Typische Merkmale der Säugetiere

*Ein Igel hat bis zu 16 000 Stacheln. Diese stecken beweglich in der derben Rückenhaut. Beim Straffen der Haut stellen sie sich senkrecht auf. Bei Gefahr kann der Igel sich zu einer stachligen Kugel zusammenrollen.*

## Haarkleid

Säugetiere können fast überall leben. Ein Grund dafür ist die **Körperbedeckung** der Säugetiere, das **Fell.**

Das Fell mancher Heimtiere (z. B. Katze, Maus) ist trocken und sehr weich. Es verlockt zum Streicheln.

Das Fell kann aber auch borstig wie beim *Wildschwein,* stachlig wie beim *Igel* oder gekräuselt wie beim *Schaf* sein.

Betrachtet man das **Fell verschiedener Säugetiere mit der Lupe,** beispielsweise das Fell vom *Wildschwein* und vom *Schaf* (Abb. 1, 2), dann erkennt man einige Unterschiede.

Am Fell des Wildschweins findet man lange, glatte Haare, die sich derb anfassen, die **Grannenhaare.** Zwischen ihnen befinden sich kurze, gekräuselte, weiche Haare, die **Wollhaare.**

Beim Schaffell sind auf der Haut sehr viele wollig weiche Haare dicht nebeneinander angeordnet. Die Haare sind kurz und gekräuselt. Es sind die **Wollhaare.**

Beide Haararten erfüllen bestimmte Aufgaben. Die Grannenhaare dienen als Nässeschutz und zum mechanischen Schutz. Die Wollhaare schützen vor zu hohen Wärmeverlusten.

**Säugetiere haben eine trockene Haut mit Haaren, ein Fell. Es werden im Fell weiche Wollhaare und etwas derbere Grannenhaare unterschieden.** M

Im Sommer kann man beobachten, dass der *Hund* Haare verliert. Viele Säugetiere wechseln regelmäßig beim Übergang von der warmen zur kalten Jahreszeit ihr Haarkleid. Der Aufbau des Fells ändert sich. Im „dünneren" **Sommerfell** überwiegen die Grannenhaare. Im „dickeren" **Winterfell** findet man zusätzliche Wollhaare.

Einige Säugetiere, wie das *Hausschwein* und der *Mensch,* haben nur wenige Haare. Der Mensch schützt sich durch Bekleidung vor Wärmeverlust.

Säugetiere haben im Winter wie im Sommer die gleiche **Körpertemperatur** (ca. 37 °C). Sie sind **gleichwarm.**

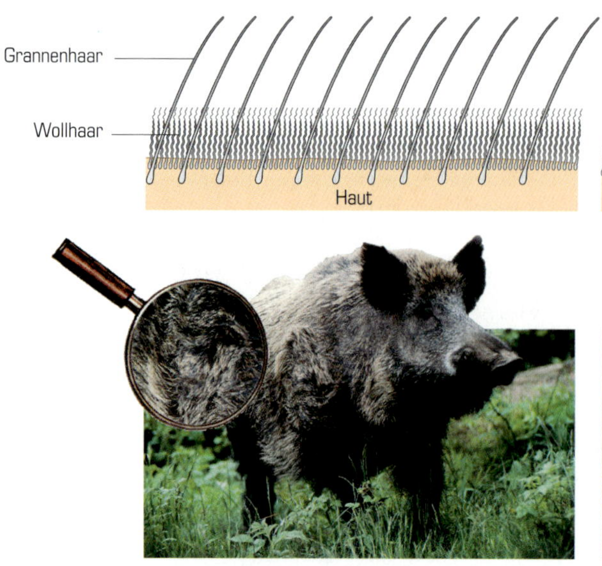

1 ▸ Wildschwein – borstiges Fell

2 ▸ Schaf – gekräuseltes Fell

**Lebende Nachkommen und Säugen der Jungen**
Die Entwicklung von jungen Fischen und Fröschen erfolgt außerhalb des Mutterleibes. Bei den Säugetieren ist das anders.

**Geschützt im Mutterleib** entwickelt sich das Junge. Ist die Entwicklung abgeschlossen, wird das Junge **lebend geboren** (Abb.1).

Die **Entwicklungszeit** der Jungen im Mutterleib dauert bei den verschiedenen Arten der Säugetiere unterschiedlich lange. Diese Entwicklungszeit wird auch Tragzeit genannt (s. Tabelle).

Nach der Geburt kann man ein ganz typisches Verhalten beobachten. Die Muttertiere besitzen Milchdrüsen, die nach außen in Zitzen münden.

Nach der Geburt suchen die Jungen sofort diese Zitzen, aus ihnen kommt die Milch (Abb.). Diese Milch ist in den ersten Wochen die Nahrung der neugeborenen Säugetiere.
Haben die Jungen die Zitzen gefunden, beginnen sie sofort, die Milch zu saugen. Dieses Verhalten ist angeboren. Das ist auch der Grund dafür, dass diese Tiergruppe den Namen **Säugetiere** erhielt.

**Tragzeit einiger Säugetiere**

| Säugetier | Tragzeit in Monaten | Anzahl der Jungen |
|---|---|---|
| Orang Utan | bis 8,5 | 1 |
| Wolf | etwa 2 | 4 – 6 |
| Rotfuchs | etwa 1,7 | 3 – 5 |
| Feldhase | etwa 1,5 | 2 – 4 (3 – 4 Würfe pro Jahr) |
| Eichhörnchen | etwa 1,2 | 3 – 7 |
| Igel | etwa 1,4 | 2 –10 |
| Elefant | 22 | 1 |
| Fledermaus | 6 – 8 | 1 |
| Maus | etwa 20 Tage | 3 – 6 (2 – 4 Würfe pro Jahr) |
| Mensch | 9 | 1 |

M
**Die Jungen der Säugetiere entwickeln sich geschützt im Mutterleib. Nach der Geburt beginnen die Jungen die Milch aus den Zitzen des Muttertieres zu saugen.**

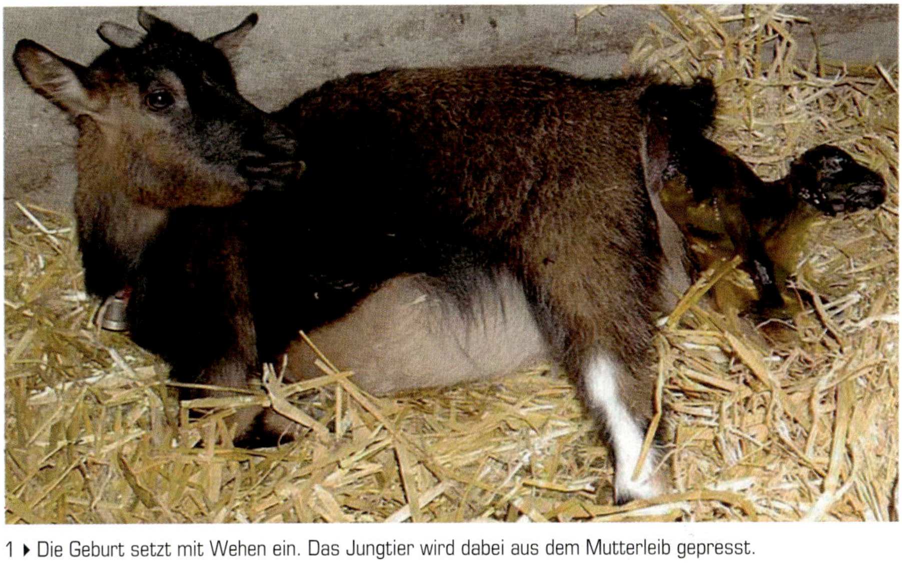

1 ▸ Die Geburt setzt mit Wehen ein. Das Jungtier wird dabei aus dem Mutterleib gepresst.

## Verhaltensweisen von Säugetieren

*Es gibt auch Tiere (Wildhunde oder Tüpfelhyänen), die in der Gruppe nach Beute jagen. Dabei haben sie ein gut abgestimmtes Verhalten entwickelt. Meist sind sie erfolgreicher als Tiere, die einzeln jagen.*

### Sinnesleistungen von Säugetieren als Grundlage des Informationsaustausches

Katzen sind beliebte Haustiere. Wenn man sie längere Zeit beobachtet, kann man ganz **typische Verhaltensweisen** erkennen. Hat die Katze z. B. eine Maus erspäht, erhebt sie sich und schleicht sich langsam und geduckt an diese heran. Keinen Laut gibt sie dabei von sich.

Sie bleibt eine Weile geduckt stehen. Dann erhebt sie sich plötzlich, streckt die Hinterbeine und springt in weitem Bogen nach vorn und ergreift die Beute. Die Katze ist ein **Schleichjäger.**

Der Hund dagegen ist ein **Hetzjäger.** Er hetzt seine Beute, z. B. ein Huhn, so lange, bis diese aufgibt.

*Warum verhalten sich die Tiere so?*
Durch ihr Verhalten steuern und regeln Tiere und auch Menschen ihre Beziehungen zur Umwelt. Alle Verhaltensweisen sind darauf gerichtet, unter den jeweiligen Umweltbedingungen zu leben und zu überleben.
Überleben bedeutet z. B.
- Nahrung zu beschaffen,
- Feinden auszuweichen,
- das eigene Revier abzugrenzen,
- einen Partner zu finden, um die Nachkommen zu sichern.

Bestimmte Verhaltensweisen sind **angeboren**, einige müssen aber im Laufe des Lebens erworben werden.

*Woran erkennt nun aber ein anderes Tier, ob beispielsweise ein Revier schon besetzt ist oder ob das Weibchen noch frei ist?*

Säugetiere verständigen sich untereinander, indem sie **Signale** aussenden, die die anderen Artgenossen **empfangen**. Das geschieht auf unterschiedliche Weise:
- **Eigene Reviere** werden durch *Harn oder Duftstoffe* gekennzeichnet.
  Das nächste Tiere nimmt den Geruch von Artgenossen auf und weiß: Dieses Revier ist besetzt!
  Katzen setzen überall ihre Duftmarken: an einem Stein, einem Baum oder an einem Stuhl im Zimmer. Entweder sie spritzen Harn an diese Stellen oder sie reiben ihr Gesicht daran, denn dort sitzen Duftdrüsen.
- Tiere stoßen **Laute** aus. Damit sollen andere Tiere eingeschüchtert und verjagt werden, die in ihr Revier eindringen wollen.
  Hunde bellen oft los, wenn sie einem anderen Hund auf der Straße oder im Park begegnen.

Eine Verständigung der Säugetiere auch „ohne Worte“ ist möglich, weil sie sehr gut *riechen, hören* oder *sehen* können.

Katzen können z. B. mit den trichterförmigen Ohren Geräusche aus allen Richtungen aufnehmen. Und mit ihren Augen können sie im Dunkeln viel besser sehen als wir Menschen.

1 ▸ Auch Hunde grenzen ihr Revier durch Setzen von Duftmarken ab.

2 ▸ Dringt ein anderes Tier in ein besetztes Revier, wird versucht, es zu verjagen.

2

1 ▸
Durch Kämpfe tragen Tiere die Stellung innerhalb der Gruppe aus.

**Beziehungen zwischen Tieren einer Art**
Viele Säugetiere leben in Tiergruppen zusammen. Für dieses Zusammenleben in Gruppen gibt es je nach Tierart verschiedene Namen, z. B. **Rudel** bei Hunden und Wölfen, **Rotte** bei Wildschweinen, **Herde** bei Pferden und Rindern.

Innerhalb einer Tiergruppe gibt es meist eine ganz bestimmte **Rangordnung**. Die Rangordnung ist relativ stabil. Dadurch kommt es nicht ständig zu gegenseitigen Kämpfen zwischen den Tieren einer Gruppe. Jedes Mitglied dieser Tiergruppe lernt diese Rangordnung früh kennen.

Die Stellung der Tiere innerhalb der Tiergruppe wird durch Kämpfe ausgetragen. Jede Tierart hat ihre eigenen Kämpfe entwickelt. Wer bei dem Kampf als Gewinner hervorgeht, gilt als *ranghöchstes Tier*. Es wird auch **Leittier** genannt. Dem Leittier folgen Tiere, die *rangniedriger* sind. Ranghöchste Tiere können auch Weibchen sein, z. B. bei Wölfen und Elefanten.

Zwischen ranghöheren und rangniedrigeren Tieren gibt es bestimmte Formen der Verständigungen. Ranghohe Tiere zeigen häufig ihre Waffen, vergrößern ihren Körperumriss oder drehen dem Unterlegenen oder Gegner die Breitseite ihres Körpers zu. Das reicht in der Regel, um einen Kampf zu verhindern. Ranghohe Tiere haben eine große Verantwortung für die Gruppe. Sie schützen u. a. schwächere Tiere vor den Angriffen anderer. Sie fressen als erste, können sich die Weibchen auswählen und haben die besten Schlafplätze.

M **Innerhalb einer Gruppe bildet sich eine Rangfolge heraus, die durch Kämpfe entstanden ist.**

Zwischen Tieren einer Art, z. B. zwischen Katzen oder zwischen Wölfen, kommt es aber auch zu Kämpfen. Die Tiere kämpfen um Nahrung, um Weibchen, um den besseren Schlafplatz oder um die Stellung in der Gruppe.

Diese Kämpfe sind dann darauf gerichtet, den Gegner zu besiegen. Das bezeichnet man dann als **Beschädigungskampf** oder als **Aggression.**

Die Kämpfe der Tiere innerhalb einer Art laufen nach einer ganz bestimmten Folge ab, und sie sind für jede Tiergruppe anders.

*Als Aggression bezeichnet man jede feindliche Auseinandersetzung mit anderen Lebewesen. Dabei kann es sich um Lebewesen derselben Art, aber auch anderer Arten handeln. Beim Beschädigungskampf versuchen die Gegner sich zu verletzen oder sogar zu töten.*

## Körpergliederung und Skelett von Säugetier und Mensch

*Die Anzahl der Wirbel liegt bei den Haustieren unter den Säugetieren zwischen 50 bis 60, beim Menschen sind es 34. Die Anzahl der Halswirbel ist aber bei allen Säugetieren gleich, und zwar sind es 7. Trotz langem Hals haben auch Giraffen nur 7 Halswirbel!*

Vergleicht man den **Körperbau** verschiedener Säugetiere, wie *Hund, Pferd, Rind, Schwein* und *Fuchs,* dann kann man deutlich Gemeinsamkeiten erkennen.

Der Körper dieser Tiere ist in *Kopf, Rumpf, Gliedmaßen* und *Schwanz* untergliedert (Abb. 1).

Wenn man nun das **Skelett** dieser Tiere betrachtet, kann man feststellen, dass es Ähnlichkeiten zwischen dem äußeren Körperbau und dem Säugetierskelett gibt.

Das Skelett kann man ähnlich wie den Körper in drei Hauptabschnitte einteilen:

- **Kopfskelett,**
- **Rumpfskelett** mit den Teilen Wirbelsäule und Brustkorb,
- **Gliedmaßenskelett** mit den Teilen Schultergürtel, Beckengürtel, Vorderglied- und Hintergliedmaßen.

Das Skelett besteht aus vielen Knochen, die miteinander über Gelenke oder knorpelige Gebilde verbunden sind. Ein wichtiger Bestandteil des Säugetierskeletts ist die **Wirbelsäule.**

Die Wirbelsäule besteht aus vielen knöchernen Wirbeln von unterschiedlicher Größe. Beim *Hund* beispielsweise besteht sie aus 7 *Halswirbeln,* 13 *Brustwirbeln,* 7 *Lendenwirbeln,* dem *Kreuzbein* (ist aus 3 zusammengewachsenen Wirbeln aufgebaut) und 18 bis über 20 *Schweif-* bzw. *Schwanzwirbeln.*

Die einzelnen Wirbel stehen über mehrere Gelenke mit den benachbarten Wirbeln in Kontakt. Im Bereich der Wirbelsäule gibt es beim Hund beispielsweise über 200 Gelenke.

Mit der Wirbelsäule stehen die anderen Skelett-Teile, der Schädel, der Schulter- und Beckengürtel und das Gliedmaßenskelett (Abb. 1), in Verbindung.

**Säugetiere gehören zu den Wirbeltieren. Im Grundbau des Skeletts stimmen alle Säugetiere überein.** M

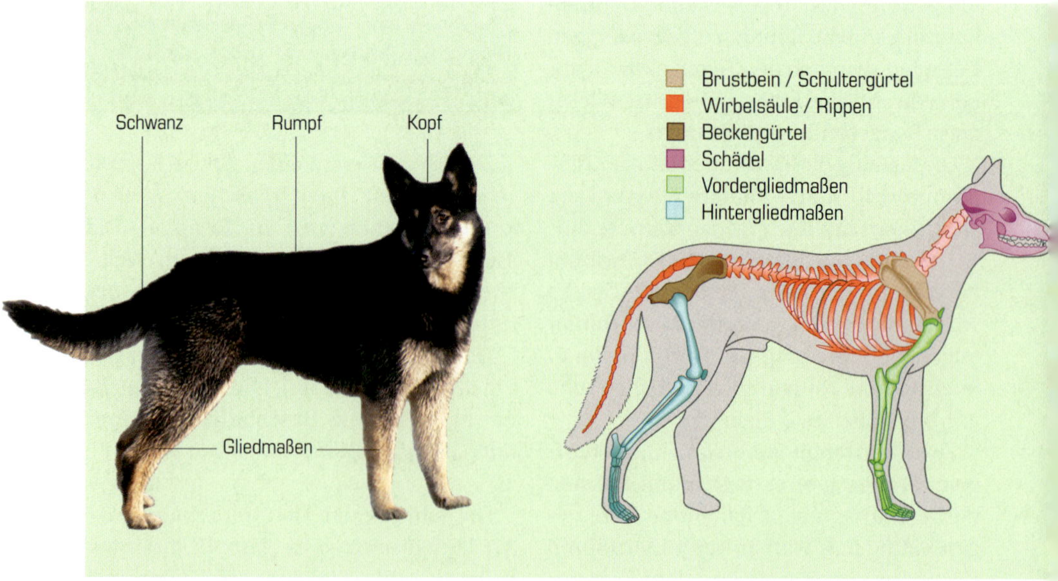


1 ▸ Schäferhund: Körpergliederung und Skelett

Den **Körper des Menschen** gliedert man wie bei den Säugetieren äußerlich in Kopf, *Rumpf* und *Gliedmaßen (Arme, Beine).*

Wie die Wirbeltiere besitzt auch der Mensch ein innen liegendes Stützsystem aus Knochen, ein **Skelett**. Es gliedert sich wie bei den anderen Säugetieren entsprechend der Körpergliederung in drei Hauptabschnitte:

- **Kopfskelett** oder **Schädel,** unterteilt in Hirnschädel und Gesichtsschädel,
- **Rumpfskelett** mit den Teilen Wirbelsäule und Brustkorb,
- **Gliedmaßenskelett** mit den Teilen Schultergürtel, Beckengürtel, Armskelett (Ober-, Unterarm-, Handknochen) und Beinskelett (Oberschenkel-, Unterschenkel- und Fußknochen, Abb. 1).

Die Wirbelsäule ist die Hauptstütze („Rückgrat") des menschlichen Körpers. Von der Seite betrachtet, besitzt sie eine leichte **doppel-S-förmige Krümmung.** Das hängt mit dem aufrechten Gang zusammen und gewährleistet eine stabilere Körperhaltung.

Die Wirbelsäule besteht aus über 30 knöchernen **Wirbeln von unterschiedlicher Größe**.

Die sieben *Halswirbel* sind die kleinsten und die beweglichsten. Die 12 größeren *Brustwirbel* sind beweglich mit den Rippen verbunden. Am größten sind die fünf *Lendenwirbel;* sie tragen die Hauptlast des Körpers.

An den fünften Lendenwirbel schließt sich das *Kreuzbein* an, das aus fünf miteinander verwachsenen Wirbeln besteht. Das *Steißbein* ist ebenfalls verwachsen und hängt gelenkig am Kreuzbein. Es hat keine Aufgabe und ist wahrscheinlich ein Überbleibsel des Schwanzes unserer Vorfahren.

*Zwischen den Wirbeln liegen knorpelige Zwischenwirbelscheiben (Bandscheiben). Sie verhindern das Aneinanderreiben der Wirbelkörper und wirken wie Stoßdämpfer.*

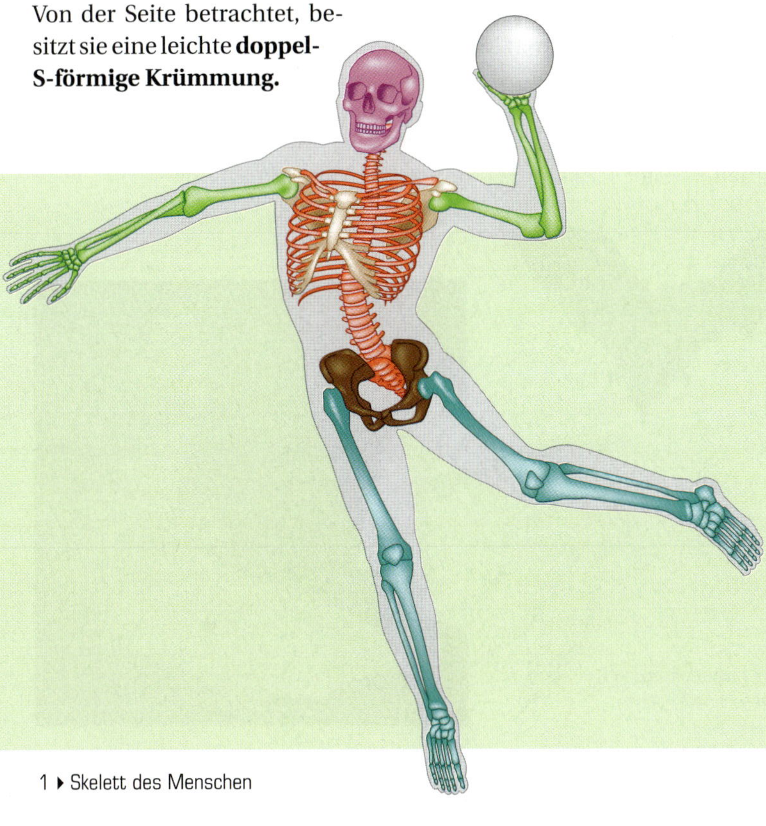

1 ▸ Skelett des Menschen

## Säugetiere im Wasser, auf dem Lande und in der Luft

Säugetiere leben im Wasser, bewohnen das Land und haben sogar den Luftraum erobert. An ihre jeweiligen **Lebensräume** sind die Säugetiere **gut angepasst**.

Die Mehrzahl der Säugetiere lebt auf dem **Lande**. Einige Säugetiere leben ständig oder zeitweise im **Lebensraum Wasser**, z. B. die Meeressäuger**.** Zu ihnen gehören der *Seehund*, das *Walross*, der *Seelöwe*, aber auch die *Delfine*, *Wale* und *Seekühe*.

Die *Fledermäuse* sind die einzigen flugfähigen Säugetiere und sind in den **Luftraum** vorgedrungen.

### Angepasstheit der Gliedmaßen an die Fortbewegung

**Die Fledermaus**

*Fledermäuse orten ihre Beute mithilfe von Ultraschallwellen. Alle 22 einheimischen Fledermausarten sind stark gefährdet und stehen deshalb unter strengem Artenschutz.*

*Fledermäuse* sind an das Fliegen gut angepasst. Die Vorderbeine sind zu flügelähnlichen Gebilden umgewandelt. Sie besitzen zwischen den Knochen der Vorderbeine, der Hinterbeine und den Schwanzknochen eine Flughaut (Abb. 1).

Fledermäuse fliegen in der Dämmerung und nachts umher und fangen ihre Beute, z. B. Nachtfalter, Käfer, Grillen.

Beim Fliegen bewegen sie sehr rasch ihre Flügel, sie flattern. Einige Fledermausarten erreichen eine Fluggeschwindigkeit von 20 km pro Stunde.

Die Fledermäuse können mit ihren kleinen Augen sehr schlecht sehen.

Trotzdem jagen sie im Dunkeln ihre Beute. Wissenschaftler haben herausgefunden, dass die Fledermäuse während des Fluges für den Menschen unhörbare Laute ausstoßen. Sie liegen im Bereich des **Ultraschalls.**

Treffen die Ultraschallwellen beim Fliegen auf ein Beutetier oder auf ein Hindernis, werden sie als Echo zurückgesendet und von den großen Ohren aufgefangen. Die Fledermaus kann dann unterscheiden, ob ein Beutetier oder ein Hindernis in der Nähe ist (Abb. links).

Sie erhält auf diese Weise Informationen sowohl über die Entfernung, Richtung und Geschwindigkeit der in der Luft befindlichen Objekte als auch über deren Form, Größe und Beschaffenheit. Einige Fledermäuse können aus 20 m Entfernung eine Mücke orten.

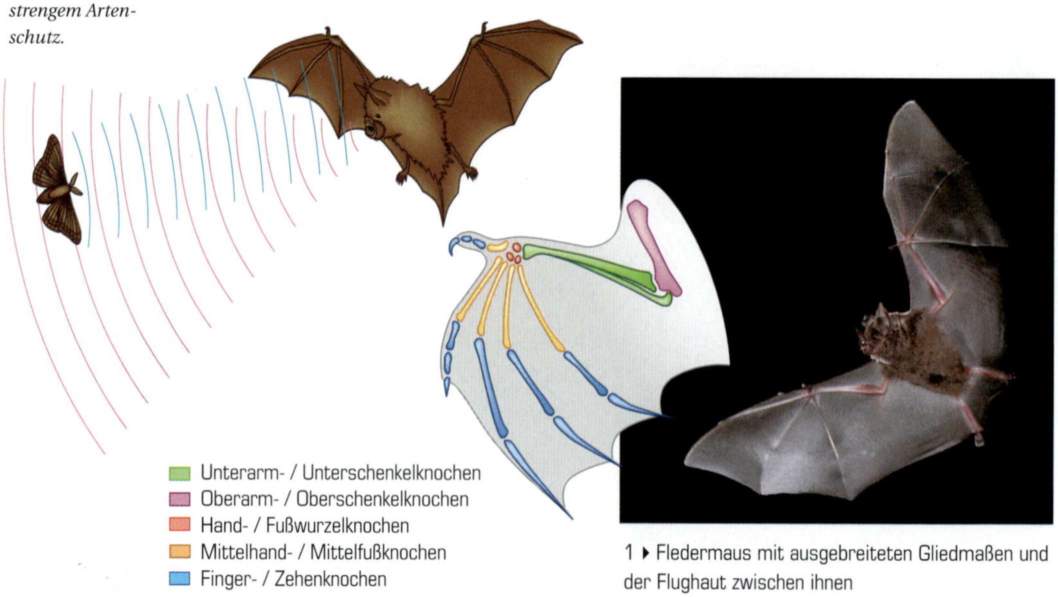


1 ▸ Fledermaus mit ausgebreiteten Gliedmaßen und der Flughaut zwischen ihnen

**Der Delfin**

*Delfine* leben im Meer in Gruppen zusammen (Abb.1). Mit ihrem stromlinienförmigen, fischähnlichen Körper sind sie gut an das **Leben im Wasser** angepasst. Sie bieten dem Wasser bei der Fortbewegung wenig Widerstand.

Ihre **Gliedmaßen** haben eine Flossenform. Sie sind geschickte Schwimmer und Taucher.

Sie besitzen keine Haare. Stattdessen schützt eine dicke Fettschicht den Körper vor Wärmeverlust. Da die Meeressäuger mit Lungen atmen, müssen sie immer wieder auftauchen, um Luft zu holen.

Zur Verständigung untereinander und zur Orientierung besitzen Delfine ein Echolotsystem wie die Fledermäuse.

Delfine sind spielfreudig und intelligent. Sie lernen, auf bestimmte Zeichen mit bestimmten Reaktionen zu antworten. Das wird vom Menschen bei Tierdressuren ausgenutzt.

**Der Maulwurf**

Der *Maulwurf* (Abb. 2) lebt vorwiegend **in der Erde,** sein Körper ist an diesen Lebensraum gut angepasst. Der Körper ist walzenförmig. Sein Kopf ist zugespitzt und endet in einer langen „Rüsselnase" mit empfindlichen Tasthaaren. Er besitzt winzige Augen. Aber besonders fallen seine **schaufelförmigen Vorderbeine** auf. Sie sind zu *Grabschaufeln* umgebildet. Damit gräbt er seine unterirdischen Gänge. Diese Gänge sind netzartig angelegt und bestehen u. a. aus Wohnkessel, Vorratskammer, Tränke und Gängen mit verschiedenen Funktionen. Bei einem Weibchen können sie 30 – 40 m lang sein und bei den Männchen zwischen 50 und 150 m.

Der *Maulwurf* kann gut riechen. So findet er im Dunkeln seine Nahrung, die z. B. aus Regenwürmern, Raupen, Spinnen und Käfern besteht.

*Bei Hobbygärtnern sind Maulwürfe wegen der Maulwurfshügel nicht sehr beliebt. Trotzdem ist es verboten, Maulwürfe mit Fallen zu jagen, sie stehen unter Naturschutz.*

1 ▸ Die Vordergliedmaßen der Delfine sind flossenförmig umgebildet.

2 ▸ Mit seinen Vordergliedmaßen schaufelt der Maulwurf die lockere Erde aus den Gängen.

## Ernährung der Säugetiere

*Die Nahrungsmenge, die Säugetiere täglich benötigen, ist u. a. abhängig vom Körpergewicht. Der Nahrungsbedarf eines Maulwurfs beträgt z. B. 100 % seines Körpergewichts. Er wiegt etwa 120 g.*

Säugetiere nehmen sehr unterschiedliche Nahrung auf.

*Rehe, Schafe* und *Hausmäuse* ernähren sich vorwiegend von pflanzlicher Nahrung, beispielsweise von Gräsern oder Körnern.

*Katzen, Hunde* und *Füchse* gehen auf die Jagd nach Mäusen oder Vögeln. Sie bevorzugen also tierische Nahrung.

*Schweine* sind nicht so wählerisch, sie fressen alles.

Entsprechend der Art der aufgenommenen Nahrung werden Säugetiere deshalb in **Pflanzenfresser, Fleischfresser** und **Allesfresser** eingeteilt.

Betrachtet man den Kopf und besonders das **Gebiss** eines Säugetiers, kann man daran schon erkennen, welche Nahrung dieses Tier bevorzugt.

Unter den **Fleischfressern** gibt es Tiere, die große Tiere reißen (Raubtiere) und fressen, aber auch Tiere, die sich nur mit Insekten (Insektenfresser) begnügen. Auch das kann man sofort am Gebiss erkennen.

Das *Raubtiergebiss* hat meißelförmige Schneidezähne, dolchartige, etwas gebogene Eckzähne, mit denen die Beute erfasst, festgehalten und getötet wird.

Die scharfen Backenzähne zerschneiden und zerquetschen das Fleisch und zerbrechen die Knochen.

Der größte Backenzahn ist der Reißzahn zum Zerreißen der Nahrung. Solch ein Gebiss haben z. B. *Hund, Fuchs, Marder, Wolf, Luchs.*

Im *Gebiss der Insektenfresser* sind alle Zähne spitz und scharf.
*Igel, Maulwurf* und *Spitzmaus* besitzen ein solches Gebiss, denn sie ernähren sich von Insekten und deren Larven, von Würmern und Schnecken.

Auch bei den **Pflanzenfressern** gibt es recht große Unterschiede in der Nahrungsaufnahme.

Einige Tiere zernagen die Pflanzenteile (Nagetiere), andere wiederum zermahlen sie (Wiederkäuer). Am Gebiss kann man auch das erkennen.

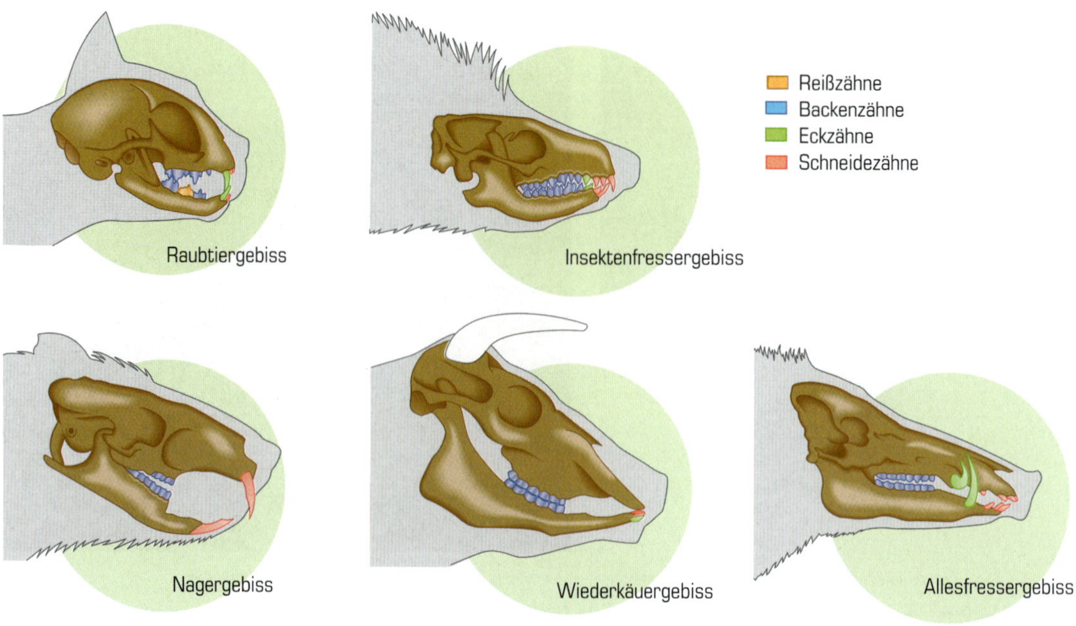

Im *Nagergebiss* befinden sich im Ober- und Unterkiefer 2 ständig nachwachsende lange, gebogene, meißelförmige Schneidezähne. Mit diesen zernagen die Tiere ihre Nahrung (z. B. Nüsse). Im Gebiss fehlen die Eckzähne.

Solch ein Gebiss haben z. B. *Eichhörnchen, Hamster, Hausmaus, Biber* und die *Ratten.*

Im *Wiederkäuergebiss* sind im Unterkiefer stumpfe Schneidezähne vorhanden. Mit den breiten Backenzähnen wird die derbe pflanzliche Nahrung zermahlen. Solch ein Gebiss haben u. a. *Hausrind, Reh, Hausschaf* und *Hausziege.*

Im *Gebiss der* **Allesfresser** sind spitze Eckzähne zum Erfassen und scharfe Schneidezähne zum Abschneiden der Nahrung vorhanden. Die Backenzähne dieser Tiere sind breit und flach wie die der Pflanzenfresser. Sie zermahlen die Nahrung.

Solch ein Gebiss besitzen z. B. *Schweine, Bären, Affen* und der *Mensch.* Sie sind demnach Allesfresser.

M **Das Gebiss der Säugetiere enthält Schneide-, Eck- und Backenzähne und ist an die Art der Nahrung angepasst. Es gibt Pflanzen-, Fleisch- und Allesfressergebisse.**

Mit dem **Gebiss** wird die Nahrung in der **Mundhöhle** zerkleinert. Durch die Abgabe von Speichel entsteht ein schluckfähiger Nahrungsbrei. Dieser rutscht über die **Speiseröhre** in den **Magen**. Dort vermischt sich die Nahrung mit Verdauungssäften. Aus dem Magen gelangt die Nahrung in den **Darm**.

Im Darm werden dem Nahrungsbrei Stoffe (Nährstoffbausteine) entzogen, die das Säugetier für Wachstum, Aufrechterhaltung der Körpertemperatur und das Ausführen von Bewegungen des Körpers benötigt.

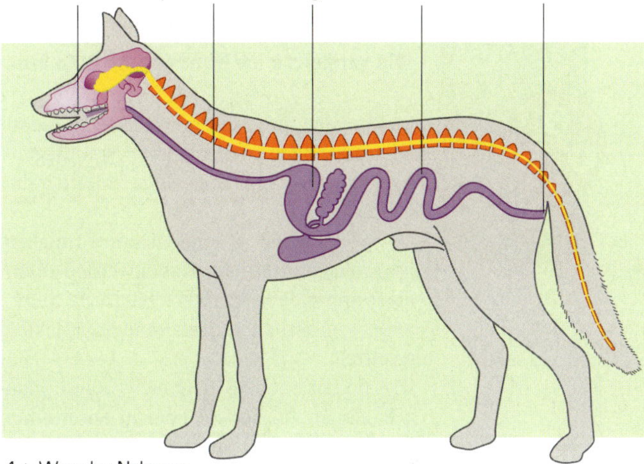

1 ▸ Weg der Nahrung

Diese Stoffe gelangen in das Blut und mit dem Blut in alle Teile des Körpers. Aus dem Rest des Nahrungsbreis entsteht der Kot, der über den **After** aus dem Körper abgegeben wird (Abb. 1).

Aus dem pflanzlichen Nahrungsbrei können die Nährstoffe nicht so gut entzogen werden wie aus dem tierischen Nahrungsbrei. Die Verdauung dauert länger. Da die Nährstoffe der Nahrung im Darm entzogen werden, haben einige Pflanzenfresser, z. B. *Pferd, Kaninchen,* einen wesentlich längeren Darm im Verhältnis zur Körperlänge als die Fleischfresser.

Das *Kaninchen,* ein Pflanzenfresser, ist etwa 0,5 m lang, sein Darm ist etwa 5,6 m lang. Das Verhältnis der Körperlänge zur Darmlänge beträgt demnach ca. 1:10.

*Die Länge des Darms beträgt beim Pferd 30 m, beim Rind 50 m, beim Wolf 5,8 m und beim Hund 5 m.*

Der *Fuchs,* ein Fleischfresser, ist etwa 1,7 m lang, sein Darm ist etwa 5,2 m lang. Das Verhältnis der Körperlänge zur Darmlänge beträgt demnach ca. 1: 3.

M **Die Nahrung enthält Nährstoffe, die die Säugetiere für die Aufrechterhaltung ihrer Lebensfunktionen benötigen. Die Pflanzenfresser haben im Verhältnis zur Körperlänge einen längeren Darm als die Fleischfresser.**

## Methoden

### Wie vergleiche ich Naturgegenstände bzw. Vorgänge?

Im Biologieunterricht werden oft mindestens zwei oder auch mehrere Naturgegenstände oder Lebensvorgänge miteinander verglichen.

Das **Vergleichen** ist eine wichtige Tätigkeit im Biologieunterricht. Dabei werden übereinstimmende und unterschiedliche Merkmale von den zu vergleichenden Objekten ermittelt.

Die Ergebnisse des Vergleichs kann man z. B. als kurzen Bericht oder in Form einer Tabelle darstellen. Anschließend sollte eine Schlussfolgerung gezogen werden.

Um Naturvorgänge oder Lebensvorgänge vergleichen zu können, muss man häufig andere Tätigkeiten ausführen, z. B. das Beobachten und Untersuchen.

Auch beim Vergleichen geht man **schrittweise** vor.

**Aufgabe**

Vergleiche das Gebiss einer Katze mit dem eines Menschen.

*Schritt* ①

**Festlegen der Objekte, die verglichen werden sollen**

Schädel mit Gebiss von einer Katze und einem Menschen

*Schritt* ②

**Auswählen geeigneter Merkmale für den Vergleich**

Vergleichsmerkmale:

- Anzahl der Zähne
- Aussehen der Zähne
- Stellung der Zähne

*Schritt* ③

**Durchführen des Vergleichs**

Ermitteln von Gemeinsamkeiten und Unterschieden

*Gemeinsamkeiten:* Die Gebisse von der Katze und vom Menschen enthalten Zähne.
*Unterschiede:* Das Aussehen und die Stellung der Zähne sind unterschiedlich.

**Darstellen der Ergebnisse**
(z. B. in einer Tabelle)

| Zähne | Katze | Mensch |
|---|---|---|
| Backenzähne | 16 der größte Backenzahn ist zum Reißzahn umgebildet | 16 höckerig (+4 Weisheitszähne) |
| Eckzähne | 4 dolchartig gebogen | 4 spitz |
| Schneidezähne | 8 meißelförmig | 8 meißelförmig |

*Schritt* ④

**Ableiten einer Schlussfolgerung**

Die Zähne im Gebiss sind der jeweiligen Art der Ernährung der Tiere angepasst.

Die Katze ist ein Raubtier. Die Zähne sind anders geformt als die Zähne des Menschen. Der Mensch gehört zu den Allesfressern.

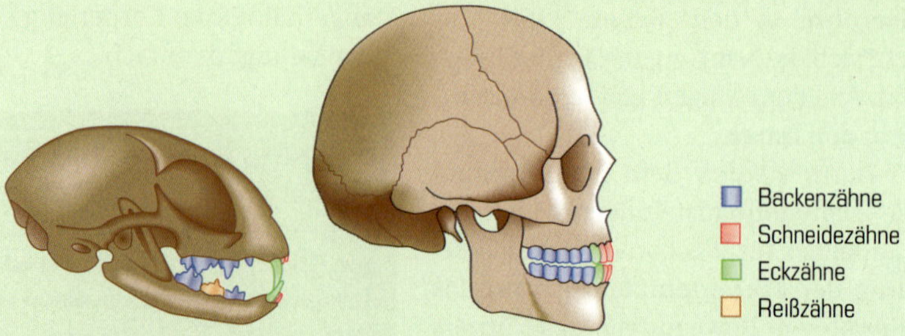

2

## Atmung der Säugetiere

Katzen, Hunde und auch die Menschen nehmen ständig Nahrung (z.B. Wasser und Nährstoffe) auf. Diese brauchen sie z.B. zum Wachsen. Außerdem benötigen sie **Sauerstoff** zum **Atmen.**
*Sauerstoff* ist ein gasförmiger Stoff und ist in der Luft enthalten. Über Nase und Mund gelangt der Sauerstoff in die Luftröhre. Von dort aus wird er in die **Lunge** transportiert (Abb. 2). Säugetiere atmen durch Lungen.

Die Lunge der Säugetiere besteht aus einer sehr großen Anzahl von winzigen **Lungenbläschen** (Abb. 1). Dadurch wird die *Oberfläche der Lunge stark vergrößert,* und es kann viel mehr Sauerstoff aufgenommen werden. Bei Kriechtieren z.B. ist die Lunge nicht so stark vergrößert.

Die Lungenbläschen besitzen sehr dünne Wände. Diese sind von feinen **Blutgefäßen** umsponnen.

Der Sauerstoff der Einatmenluft durchdringt die dünnen Wände der Lungenbläschen und gelangt in die feinen Blutgefäße.

Das Blut durchfließt unseren Körper in Blutgefäßen. Diese Blutgefäße bilden ein geschlossenes Röhrensystem. In diesem kreist das Blut durch den Körper und erreicht alle Organe. Dieser ständige Blutfluss ist der **Blutkreislauf.**

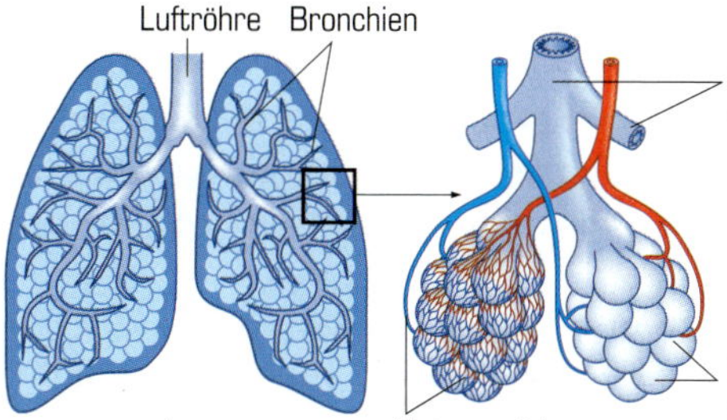


1 ▸ Bau der Lunge und kleinste Teile der Lunge: die Lungenbläschen

Mit dem Blut wird der Sauerstoff in alle Körperorgane transportiert. Dort wird er für die Aufrechterhaltung von Lebensvorgängen (z.B. Wachstum) verbraucht. Dabei entsteht ein anderer gasförmiger Stoff, **Kohlenstoffdioxid.**

*Kohlenstoffdioxid* ist für den Körper schädlich. Mit dem Blut wird es zur Lunge zurückgebracht. Es gelangt in die Lungenbläschen. Von dort wird es über die Luftröhre, den Mund und die Nase nach außen abgegeben (Abb. 2). Es wird ausgeatmet. In den Lungenbläschen findet also ein **Gasaustausch** statt. Sauerstoff gelangt in die Blutgefäße, Kohlenstoffdioxid in die Lungenbläschen.

M

**Säugetiere atmen mit einer Lunge. Die Lunge besteht aus Lungenbläschen. Sauerstoff und Kohlenstoffdioxid sind Atemgase. Der Gasaustausch findet in den Lungenbläschen statt.**

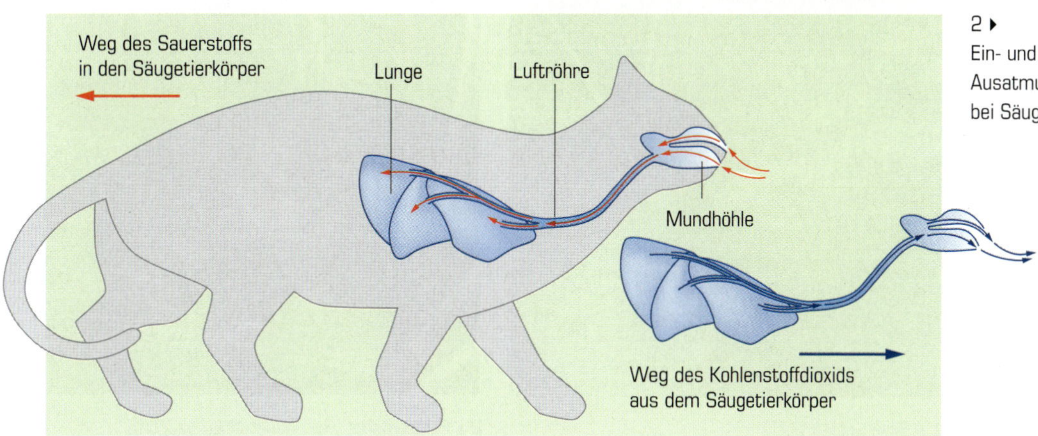


2 ▸ Ein- und Ausatmung bei Säugetieren

## Schutzmaßnahmen für einheimische Säugetiere

*Von den 68 Säugetierarten, die in Sachsen vorkamen, galten 37 Arten im Jahr 1999 als ausgestorben bzw. gefährdet. Neben Veränderungen der Landschaften wurden einige Arten auch direkt durch menschliche Verfolgung fast ausgerottet.*

Säugetiere sind gut an ihren Lebensraum angepasst. Wenn in den Lebensräumen große Veränderungen oder Störungen auftreten, sind die Tiere gefährdet.

Auch in Sachsen gab es im Laufe der Jahre große Veränderungen. So wurden z. B. neue Industriegebiete angelegt, Städte und Straßen ausgebaut oder Flüsse kanalisiert. Das führte dazu, dass von den früher 68 in Sachsen vorkommenden Säugetierarten 9 Arten bereits ausgestorben sind. Dazu gehören z. B. *Wildkatze, Luchs, Braunbär* und *Wisent.*

Vom Aussterben bedroht sind *Feldhamster, Fischotter* und *Alpenspitzmaus.* Als stark gefährdet sind einige Fledermausarten, z. B. *Großes Mausohr, Große Bartsteinfledermaus* und als gefährdet z. B. *Sumpfspitzmaus, Siebenschläfer* und *Biber* (Abb. 1) in der **roten Liste** eingestuft worden.

Der beste Schutz für bedrohte Säugetiere ist die **Erhaltung und der Schutz ihrer natürlichen Lebensräume.**

Deshalb wurden in Deutschland, wie übrigens auf allen Erdteilen, große Gebiete unter Schutz gestellt, um den Lebensraum für Säugetiere zu erhalten. Je nach Größe und Vielfalt der Pflanzen und Tiere werden sie u. a. als **Landschaftsschutzgebiet, Naturschutzgebiet, Biosphärenreservat** oder **Nationalparks** eingeteilt. In solchen Gebieten dürfen die Menschen keinerlei Veränderungen vornehmen.

In Sachsen gibt es bisher z. B. einen Nationalpark, die *Sächsische Schweiz,* sowie ein Biosphärenreservat, die *Oberlausitzer Heide- und Teichlandschaft.*

Durch diese und andere strenge Naturschutzmaßnahmen ist es gelungen, den Bestand an Säugetieren zu erhalten bzw. sogar zu erhöhen wie beim *Biber.*

1991 gab es nur einige *Biber* in Sachsen. Deshalb wurden sie in der roten Liste als *stark gefährdet* eingestuft. Durch den Schutz ihrer Lebensräume konnten sich die Biber aber vermehren, und der Bestand ist jetzt relativ stabil.

Bei anderen Tieren, z. B. beim *Feldhamster* (Abb. 2), hat das nicht so gut geklappt. Der Bestand ging weiter zurück, so dass er jetzt sogar als *stark gefährdet* gilt. Die Ursachen dafür sind vielfältig. Der Lebensraum des *Feldhamsters* ist das Feld. Dort hat er seinen Bau ca. 2 Meter unter der Erdoberfläche.

1 ▸ Biber (gefährdet)

2 ▸ Feldhamster (vom Aussterben bedroht)

2

Seine Nahrung sind Grünfutter und Körner. Im Herbst trägt er zur Erntezeit bis zu 30 kg Getreide mithilfe seiner Backentaschen in seinen Bau. Diesen Vorrat benötigt er zum Überleben im Winter. Er ist ein Winterschläfer, der immer wieder aufwacht und von seinen Vorräten frisst. Früher wurde er deshalb als „Ernteschädling" bekämpft.

Außerdem wurde sein bevorzugter Lebensraum durch die intensive Bodenbearbeitung (z. B. Tiefpflügen, Bodenpressung) sowie durch starke Düngung zerstört. Er musste auf Feldraine und Brachflächen ausweichen. Er fand nicht mehr genügend Nahrung, und die Folge war der starke Rückgang des Feldhamsters.

Auch *Wölfe* lebten einst in Sachsens Wäldern. Seit dem 14. Jahrhundert wurden sie aber ständig bekämpft, so dass sie im Verlauf des 18. Jahrhunderts weitgehend ausgerottet waren.

Erst nach dem Zweiten Weltkrieg konnten vereinzelt *Wölfe* beobachtet werden. Sie kamen wahrscheinlich aus Polen zu uns nach Deutschland. In Sachsen beschränkt sich das Wolfsvorkommen (ein Rudel mit etwa 11 Tieren) auf das Gebiet des Truppenübungsplatzes Oberlausitz und angrenzende Gebiete (ca. 25 000 ha).

Seit 2002 läuft in Sachsen ein so genanntes Wolfsmanagement. Das hat zur Aufgabe, die Bevölkerung in der Umgebung des Wolfsreviers aufzuklären, ihnen Sorgen und Ängste vor den *Wölfen* zu nehmen. Durch ihre scheue Lebensweise stellen *Wölfe* kaum eine Gefahr für den Menschen dar.

Zu Übergriffen auf Haustiere kann es schon kommen. Deshalb werden alle Wanderungen der *Wölfe* exakt beobachtet und die Landwirte rechtzeitig gewarnt.

Um die *Wölfe* erfolgreich in Sachsen wieder ansiedeln zu können, dürfen sie nicht getötet werden.

1 ▸ Wolf – ehemals in Sachsens Wäldern beheimatet

*Was können Schüler zum Schutz einheimischer Säugetiere leisten?*

Neben den bekannten Schutzmaßnahmen für *Igel* gilt es in Sachsen, Fledermäuse zu schützen. Sie finden nämlich immer weniger Unterschlupfmöglichkeiten. Alte Bäume mit Höhlen werden gefällt. Die meisten neuen Häuser haben dicht geschlossene Dächer, so dass die Fledermäuse den Dachboden nicht nutzen können. Helfen kann man, indem im *Dach Öffnungen* gelassen (Abb.) und an geeigneten Stellen spezielle *Fledermauskästen* angebracht werden (Abb. 2). Auch *Fledermausbretter* kann man an einer geschütz-ten Hauswand anbringen. Diese werden einfach aus rohen Brettern gebaut.

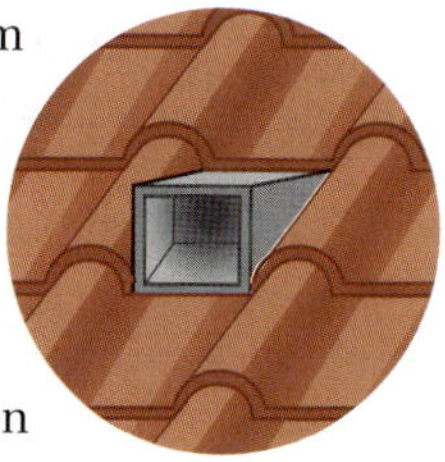

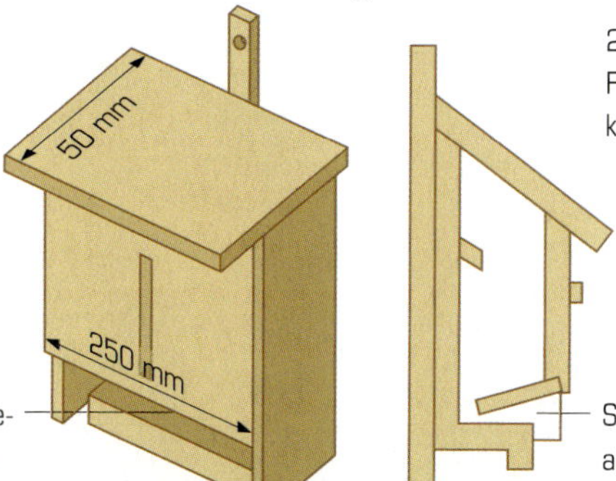


2 ▸ Fledermauskästen

**Auch für Säugetiere gilt, der beste Schutz für sie ist die Erhaltung ihrer Lebensräume.**

M

# Fortpflanzung des Menschen

### Bau und Funktionen der männlichen Geschlechtsorgane

Die äußeren Geschlechtsorgane des Jungen / Mannes sind Penis und Hodensack, in dem sich die beiden Hoden befinden (Abb.1). Der **Penis**, er wird auch Glied genannt, besteht aus einem Schaft mit Schwellkörpern und der *Eichel.*

Die Eichel wird von einer verschiebbaren *Vorhaut* bedeckt. Diese schützt die sehr empfindliche Eichel. Bei manchen Völkern wird diese Vorhaut aus religiösen Gründen entfernt (s. S. 107). Aus medizinischen Gründen wird das manchmal auch bei uns gemacht.

Durch den Penis verläuft die *Harn-Samen-Röhre.*

Penis und Hodensack verändern sich im Laufe der Entwicklung. Der Penis wird länger und der Hodensack größer.

Neben den äußeren Geschlechtsorganen gibt es noch die inneren. Zu den **inneren Geschlechtsorganen** des Mannes gehören die **Hoden**, Nebenhoden, der Samenleiter, Drüsen und die Harn-Samen-Röhre (Abb. 1).

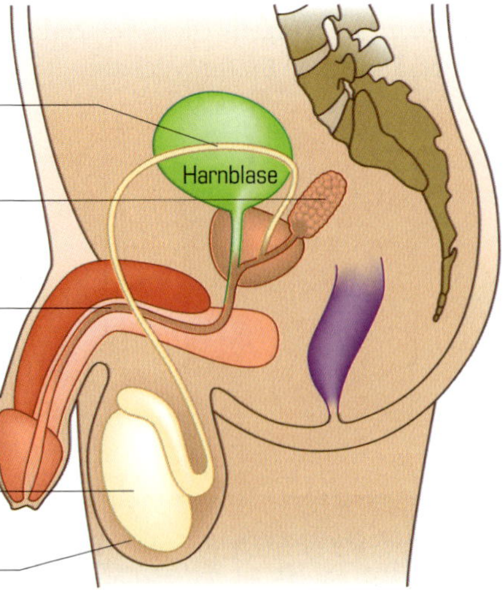

1 ▸ Bau der männlichen Geschlechtsorgane

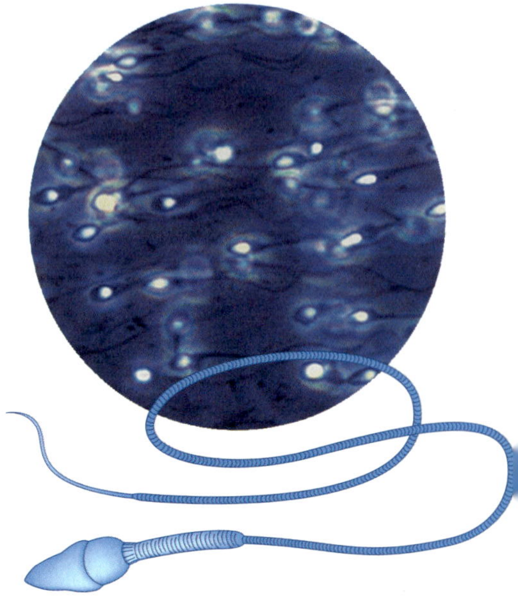
2 ▸ Samenzellen unter dem Mikroskop (ca. 500-mal vergrößert, oben) und schematisch (unten)

Hauptaufgabe der inneren Geschlechtsorgane ist die Bildung der **Geschlechtszellen.** Die **Spermien,** so heißen die **männlichen Geschlechtszellen,** werden in den Hoden gebildet. Es sind winzig kleine (nur 0,06 mm lange) Zellen. Sie bestehen aus einem *Kopfstück* und einem Schwanzfaden, mit dem sie sich fortbewegen können (Abb. 2).

Die Spermien werden nach der *Geschlechtsreife* ständig in großer Anzahl gebildet und in den Nebenhoden gespeichert. Beim Samenerguss gelangen die Samen durch die *Samenleiter* nach oben und werden über die *Harn-Samen-Röhre* nach außen abgegeben. Auf dem Weg dorthin geben eine Reihe von Drüsen Flüssigkeit zu den Samen hinzu, es entsteht die **Samenflüssigkeit.** Diese macht die Spermien beweglich.

Die Abgabe der Samenflüssigkeit, der Samenerguss, erfolgt beim Geschlechtsverkehr oder durch unwillkürliche Entleerung (*Pollution*), z. B. im Schlaf.

2

Im Penis liegen Schwellkörper, die von Blutgefäßen durchzogen sind. Bei geschlechtlicher Erregung werden diese Schwellkörper mit Blut gefüllt, das Glied wird dadurch länger und dicker und richtet sich auf.

Auf dem Höhepunkt der sexuellen Erregung wird die Samenflüssigkeit herausgeschleudert (Samenerguss).

Das Glied nimmt danach wieder seine ursprüngliche Form an, es erschlafft.

Aber auch bei gefüllter Harnblase staut sich das Blut und das Glied wird steif. Das passiert häufig im Schlaf.

Mit der Bildung der Spermien und der Abgabe der Samenflüssigkeit ist der Junge geschlechtsreif und kann Kinder zeugen. Er hat damit eine große Verantwortung in einer Partnerschaft.

**Zu den männlichen Geschlechtsorgane gehören Glied (Penis), Hoden, Samenleiter. Männliche Geschlechtszellen (Samenzellen) bilden sich in den Hoden.**

M

**Hygiene der männlichen Geschlechtsorgane**
Zur täglichen Körperpflege gehört auch das Sauberhalten der „Intimregion“, also das gründliche Waschen zwischen den Beinen. Denn dort können sich sonst Urinreste und Drüsensekrete ansammeln, was zu unangenehmem Körpergeruch oder zu Entzündungen führen kann. Unter der Vorhaut liegen Talgdrüsen. Diese sondern fettende Stoffe ab, die sich am Rand der Eichel sammeln. Deshalb sollten die Jungen/Männer bei der Intimhygiene die Vorhaut ihres Gliedes zurückschieben und gründlich reinigen.

**Andere Völker – andere Sitten: Beschneidungen**

Bei einigen Völkern wird die Vorhaut der Jungen vollständig entfernt. Man nennt das Beschneidung. Die Beschneidung ist eine sehr alte Handlung und wird meist bei Völkern mit islamischem oder jüdischem Glauben durchgeführt.
Im Judentum soll der Gott Abraham das Beschneiden „angewiesen“ haben. Und zwar sollte das Neugeborene nicht vor dem 8. Lebenstag beschnitten werden.
Noch heute werden in dieser Religion die Jungen am 8. Lebenstag in feierlicher Form beschnitten.
Auch türkische Jungen islamischen Glaubens werden beschnitten, meist im Alter von fünf bis sieben Jahren. Das ist ein großer Tag für die Familien, alle sind festlich gekleidet.
Die Jungen werden angezogen wie kleine Prinzen (Abb.). Der Festanzug ist reich verziert. Darüber wird noch ein Umhang getragen. Die Kopfbedeckung ist mit Pailetten und Federn geschmückt. Süßigkeiten sollen die Jungen über den erlittenen Schmerz trösten.

**Bau und Funktionen der weiblichen Geschlechtsorgane**

Bei den Mädchen liegen im Gegensatz zu den Jungen die meisten Geschlechtsorgane im Innern des Körpers (Abb. 1).

Geschützt in der Bauchhöhle liegen die zwei **Eierstöcke**. Zwei dünne Schläuche, die **Eileiter**, führen zur **Gebärmutter.** Die Gebärmutter ist ein etwa faustgroßer Hohlmuskel, der sehr dehnbar ist. In ihm wächst und entwickelt sich das Kind während der Schwangerschaft.

Daran schließt sich eine etwa 10 cm lange elastische Röhre an, die **Scheide.** Sie ist mit einer Schleimhaut ausgekleidet. Die Scheidenöffnung wird verdeckt von den kleinen und großen **Schamlippen.** Dazwischen liegt der sehr berührungsempfindliche **Kitzler.**

Bei jungen Mädchen ist die Scheidenöffnung durch ein dünnes Häutchen fast verschlossen. Man nennt es die *Jungfernhaut.*

Eizelle

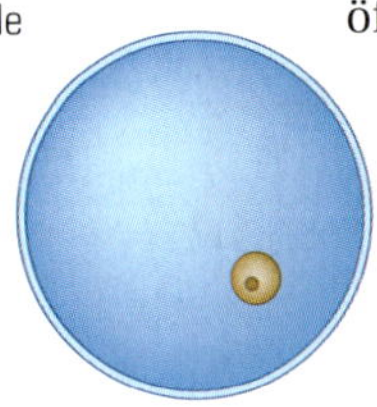

In den Eierstöcken werden die weiblichen Keimzellen, auch **Eizellen** genannt, gebildet.

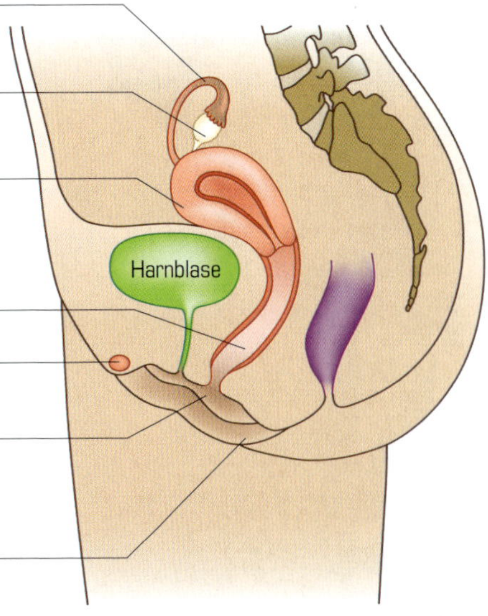


1 ▸ Geschlechtsorgane der Frau

**Weibliche Geschlechtsorgane sind Eierstöcke, Eileiter, Gebärmutter und Scheide. Die weiblichen Geschlechtszellen (Eizellen) werden in den Eierstöcken gebildet.**

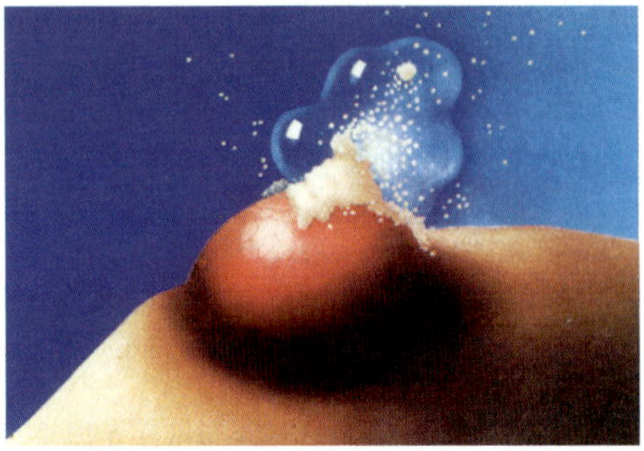

2 ▸ Alle 4 Wochen erfolgt der Eisprung.

Schon in den Eierstöcken von neugeborenen Mädchen sind mehrere Hunderttausend Eizellen angelegt. Mit Eintritt der Geschlechtsreife (11. bis 14. Lebensjahr) wächst hier alle 4 Wochen ein Ei zu einem Eibläschen heran, das beim Platzen, dem so genannten **Eisprung** (Abb. 2), die reife Eizelle freigibt. Diese wird vom Trichter eines Eileiters aufgefangen und von dessen Flimmerhärchen in die Gebärmutter transportiert.

Ab jetzt kann das Mädchen bei ungeschütztem Geschlechtsverkehr schwanger werden und ein Kind bekommen.

Alle vier Wochen bereitet sich die Gebärmutter darauf vor, eine befruchtete Eizelle aufzunehmen. Ihre Schleimhaut verdickt sich und wird gut durchblutet. Wird die Eizelle nicht befruchtet, stirbt sie ab. Die verdickte *Gebärmutterschleimhaut* wird nicht benötigt. Sie löst sich ab und wird unter Blutungen über die Scheide ausgeschieden.

Diese **Menstruations-** oder **Monatsblutung** dauert 4 bis 5 Tage. Da sie regelmäßig abläuft, wird sie auch *Regel* oder *Periode* genannt.

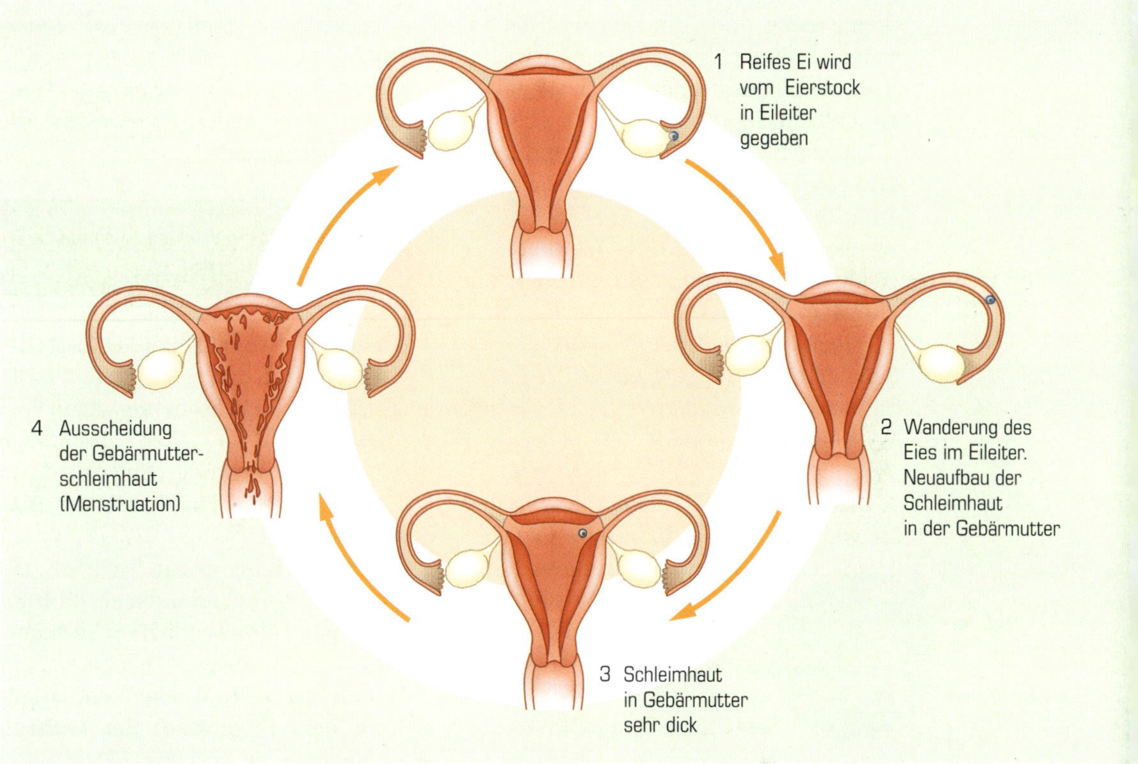


1 ▸ Menstruationszyklus (Gesamtschema)

Die Gesamtheit der periodisch ablaufenden Vorgänge in den Geschlechtsorganen der Frau nennt man **Menstruationszyklus** (Abb. 1).

Bei Mädchen, die sich in der Pubertät befinden, braucht der einsetzende Menstruationszyklus eine gewisse Zeit, bis er regelmäßig abläuft.

Durch Erkrankungen, Aufregungen und Ortswechsel kann die regelmäßige Monatsblutung durcheinander gebracht werden.

Deshalb ist es am besten, wenn jedes Mädchen bzw. jede Frau einen **Regelkalender** führt. Darin wird jeder Tag vermerkt, an dem die Blutung erfolgte, auch wie stark die Blutung war.

Damit hat man auch eine gute Übersicht, ob alles normal verläuft oder ob der Regelzyklus unterbrochen ist.

Treten aber lange Zeit größere Unregelmäßigkeiten, Schmerzen im Unterleib oder andere Beschwerden auf, sollte man unbedingt den **Frauenarzt** aufsuchen.

### Hygiene der weiblichen Geschlechtsorgane

Auch Mädchen müssen bei der täglichen Körperpflege die äußeren Geschlechtsorgane gründlich waschen. Hier sammeln sich sonst Urinreste und andere Absonderungen aus der Scheide an und können zu Körpergeruch und Hautreizungen führen.

*Die Größe der Einlagen bzw. Tampons hängt von der Stärke der Blutung ab.*

*Besondere Hygienemaßnahmen* sind während der *Monatsblutung* erforderlich. Zum Auffangen des Menstruationsblutes können Slipeinlagen (Monatsbinden) vor die Scheidenöffnung gelegt oder Tampons in die Scheide eingeführt werden.

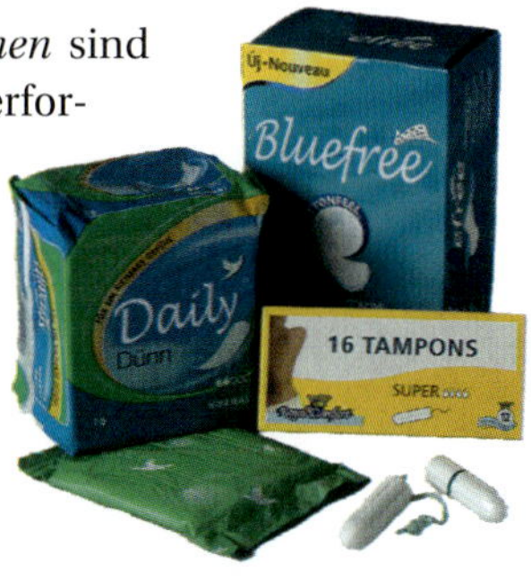

## Befruchtung und Schwangerschaft

Wenn Mann und Frau sich sehr lieben, möchten sie auch sexuell zusammen sein, d. h., sie schlafen miteinander, sie haben **Geschlechtsverkehr.**

Dabei wird durch Streicheln und Liebkosungen das männliche Glied steif und kann in die Scheide der Frau eingeführt werden. Auf dem Höhepunkt dieser zärtlichen Kontakte kommt es beim Mann zum **Samenerguss.**

Dabei wird die Samenflüssigkeit in die Scheide der Frau abgegeben. Bei jedem Samenerguss werden viele Millionen Spermien ausgestoßen.

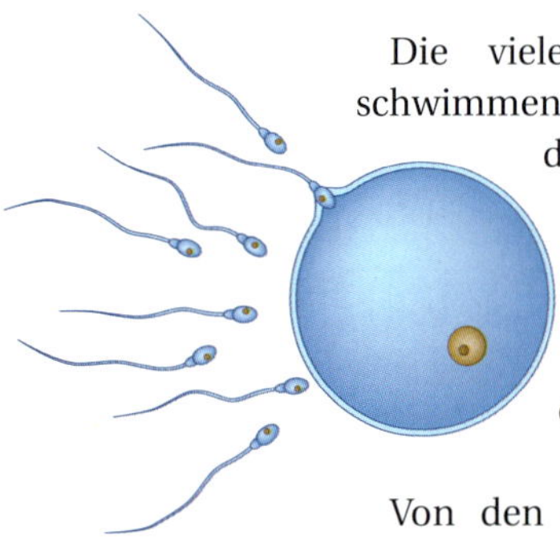

1 ▸ Samenzelle und Eizelle verschmelzen

Die vielen Millionen Samenzellen schwimmen mithilfe ihrer Schwanzfäden durch die Gebärmutter bis in die Eileiter. Wenn sich dort gerade eine reife Eizelle befindet, kann es zum Eindringen einer Samenzelle in die Eizelle kommen.

Von den vielen Millionen Spermien gelingt es nur einer einzigen, in die reife Eizelle einzudringen. Diesen Vorgang nennt man **Befruchtung** (Abb. 1).

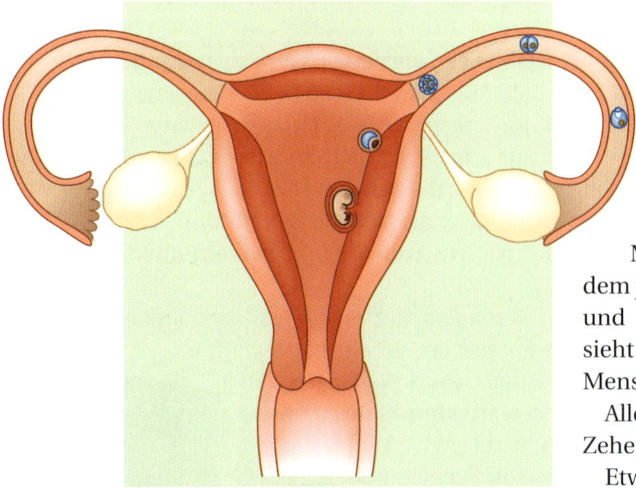

2 ▸ Weg der befruchteten Eizelle und Einnistung in die Gebärmutter

Da sie im Inneren des Körpers stattfindet, bezeichnet man sie als *innere Befruchtung.*

Mit der Befruchtung beginnt die Entwicklung eines neuen Lebewesens; die Frau ist „schwanger".

**Befruchtung ist die Verschmelzung von Samenzelle und Eizelle.** M

Auf dem Weg vom Eileiter in die Gebärmutter beginnt die befruchtete Eizelle sich zu teilen; zunächst in zwei, dann vier, acht Zellen und so weiter. 5 bis 6 Tage nach der Befruchtung sind es etwa 100 Zellen, die eine Hohlkugel, den **Blasenkeim,** bilden.

Der Blasenkeim nistet sich in die Schleimhaut der Gebärmutter ein (Abb. 2). Damit beginnt die eigentliche **Schwangerschaft.**

In den nächsten Wochen entwickelt sich in dem Blasenkeim der **Embryo** (Keimling).

Schon vier Wochen nach der Befruchtung kann man an dem erst 5 mm langen Embryo die beginnende Gliederung in Kopf und Rumpf sowie die Herzanlage erkennen.

Durch ein zottenartiges Organ ist er fest mit der Gebärmutterschleimhaut verbunden. Hieraus entwickelt sich im weiteren Verlauf der **Mutterkuchen,** das Ernährungsorgan für das heranwachsende Kind.

Mit sechs Wochen bilden sich an dem jetzt 1,5 cm langen Embryo die Arm- und Beinanlagen. Mit zwölf Wochen sieht er schon wie ein richtiger kleiner Mensch aus.

Alle Organe sind angelegt. Finger und Zehen sind ausgebildet.

Etwa 9 Monate dauert die Entwicklung im Mutterleib, dann wird das Kind geboren. Die Geburt setzt mit Wehen ein.

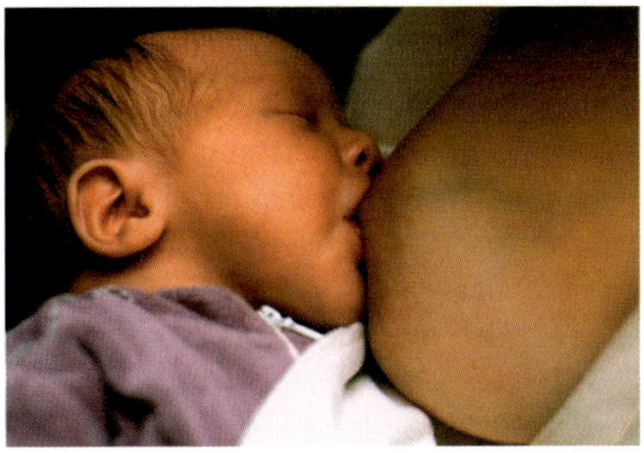

1 ▸ Stillen des Babys

2 ▸ Einschlafen mit Kuscheltieren

**Entwicklung des Säuglings**

Nach der Geburt kann ein Säugling sofort saugen, schreien und sich mit den Fingern anklammern. Ansonsten ist er jedoch völlig hilflos und auf die Fürsorge und Pflege seiner Eltern angewiesen.

Die Eltern baden und wickeln das Kind. Schreit das Kleine, tragen sie es auf dem Arm, streicheln es oder geben ihm Nahrung. Die Mutter stillt es (Abb. 1). Dabei hat das Kind ganz engen Kontakt mit der Mutter. Das wirkt beruhigend auf das Kind.

Dieses enge Verhältnis zwischen Eltern und dem Säugling führt zu einer *Eltern-Kind-Beziehung*. Für die gesunde Entwicklung eines Säuglings ist diese Beziehung ganz wichtig.

Ein gesundes Baby kann bereits Ende des *1. Monats* Personen und Gegenstände mit den Augen verfolgen und Töne und Geräusche wahrnehmen. Manche lächeln sogar schon, wenn sie das Gesicht der Mutter sehen oder ihre Stimme hören.

Mit *3 Monaten* kann das Baby den Kopf heben und nach vorgehaltenen Gegenständen greifen. Besonders interessant sind auffällig bunte Gegenstände und solche, die beim Bewegen Geräusche machen. Aber aufpassen: Babys stecken gern alles in den Mund!

Nach *5 Monaten* kann sich das Baby in der Bauchlage aufstützen und den Körper drehen. Mit *6 Monaten* beginnt es zu sitzen und im *8./9. Monat* beginnt es zu robben und zu krabbeln. Es beginnt, seine Umgebung auf allen vieren zu erkunden.

Im *10./11. Monat* zieht es sich zum Stand hoch, und am Ende des ersten Jahres macht es an der Hand gehalten erste Laufschritte und Gehversuche.

Parallel dazu entwickeln sich das **Sehen** und **Hören** sowie das **Spielen** und die **Sprache.**

Babys und Kleinkinder spielen gern mit Figuren zum Anfassen und Schmusen, wie Teddybären oder anderen Tieren (Abb. 2). Dabei lachen und kreischen sie vergnügt und machen erste einfache Lautäußerungen wie „baba“, „tata“.

Am Ende des ersten Lebensjahres lernen sie erste Worte sprechen, z. B. Mama, Papa, Oma, Opa. Sie reagieren auch schon auf Gebote und Verbote.

Im Säuglingsalter finden 6 ärztliche Untersuchungen statt. Dabei schaut der Arzt, ob sich das Kind gesund entwickelt. Außerdem bekommt es drei Impfungen, um ansteckenden Krankheiten vorzubeugen, z. B. Masern, Röteln, Keuchhusten, Kinderlähmung.

*Im Impfkalender wird angegeben, in welchem Alter und in welchen Abständen Impfungen durchzuführen sind. Alle durchgeführten Impfungen werden vom Arzt in ein Impfbuch, das jedes Kind und jeder Erwachsene besitzt, eingetragen.*

**Das Neugeborene ist noch längere Zeit auf intensive Betreuung angewiesen.** M

## Pubertät – Übergang vom Kind zum Erwachsenen

*In der Pubertät tritt häufig Akne auf. Das sind Pickel in der Haut. Betroffene Jugendliche sollten den Hautarzt aufsuchen.*

Ein bedeutsamer Abschnitt in der Entwicklung jedes Menschen ist der Übergang vom Kind zum Erwachsenen. Dieser Zeitraum, in dem das Mädchen zur Frau und der Junge zum Mann heranreift, wird **Reifezeit** oder **Pubertät** genannt.

Sie beginnt bei Mädchen ungefähr mit 11 Jahren, bei Jungen ungefähr mit 13 Jahren. Abgeschlossen ist sie bei den Mädchen mit 16 bis 17 Jahren, bei den Jungen mit 17 bis 19 Jahren.

Im Pubertätsalter gibt es zwischen den einzelnen Jungen und Mädchen ziemliche Entwicklungsunterschiede. Die einen erreichen ihre körperliche Reife früher, die anderen später. Das gleicht sich aber wieder aus.

Die „Spätentwickler" brauchen also keine Minderwertigkeitskomplexe gegenüber den „Frühentwicklern" zu haben.

Während der Pubertät vollziehen sich wichtige Veränderungen am Körper und in den Funktionen seiner Organe, insbesondere der Geschlechtsorgane – der Eintritt der **Geschlechtsreife.**

Der Beginn der Pubertät macht sich äußerlich durch einen starken **Wachstumsschub** bemerkbar, der bei den Mädchen etwas früher einsetzt als bei den Jungen. Später holen diese die Mädchen wieder ein und überholen sie in der Körperlänge. Das Wachstum ist verbunden mit Veränderungen der Körperformen und Merkmale. Es bilden sich jetzt die typischen Körpermerkmale von Frau und Mann, die *sekundären Geschlechtsmerkmale*, heraus.

Im **weiblichen Geschlecht** sind das z. B. die Brüste, die runden Körperformen, das breitere Becken, Achsel- und Schambehaarung, Menstruation (Abb. 1 a).

In den Geschlechtsorganen des **jungen Mannes** wird mit Erreichen der Pubertät Samenflüssigkeit gebildet, die reife Samenzellen enthält. Er wird damit biologisch gesehen fortpflanzungsfähig. Im Zusammenhang damit bilden sich bei ihm auch äußerlich die typischen *sekundären männlichen Geschlechtsmerkmale* aus, z. B. muskulöser Körperbau, Bartwuchs, tiefere Stimme (Abb. 1 b).

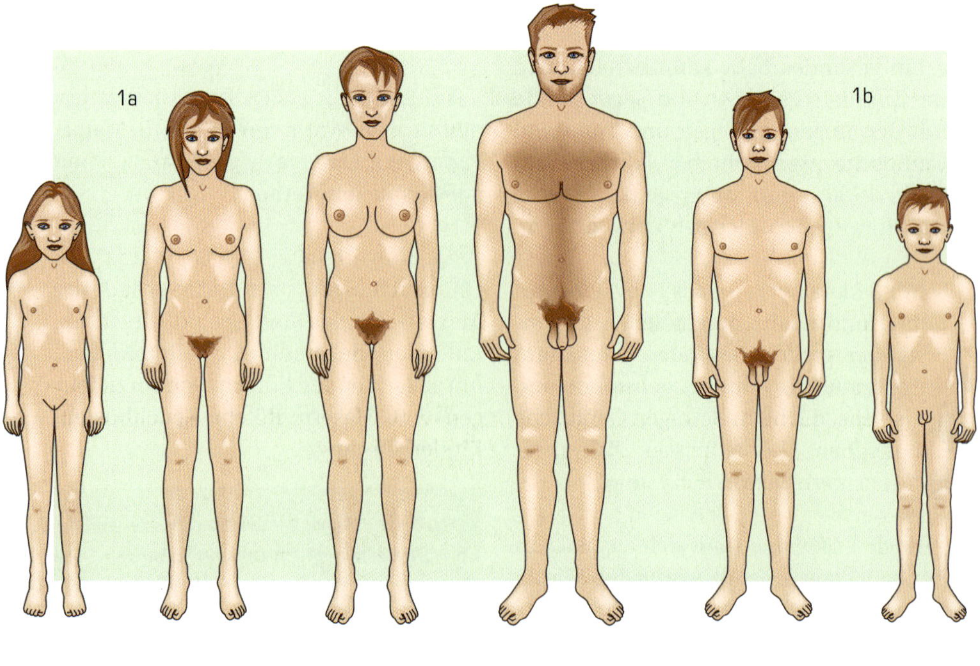

2

### Problemphase Pubertät?

Im Verlauf der Pubertät verändert sich aber nicht nur der Körper der Jugendlichen, sondern auch ihre **„Psyche“**. Darunter versteht man die Empfindungen und Stimmungen, die Einstellungen und Verhaltensweisen zur eigenen Person, zu den Eltern, Freunden und zur Umwelt.

Jeder Junge und jedes Mädchen erlebt diese Zeit des Übergangs in der ihnen eigenen Weise. Manchen fällt es leichter, anderen schwerer, mit den Veränderungen zurechtzukommen.

Viele Jugendliche sind betont selbstbewusst. Sie lehnen gern Pflichten und Normen ab, führen Auseinandersetzungen mit Eltern oder Lehrern. Man bezeichnet die Pubertät daher auch als „Flegeljahre“ (Abb. 1).

1 ▸ Immer wieder Stress wegen der Kleidung!

Auch die Beziehungen zwischen Jungen und Mädchen ändern sich in dieser Zeit. Die Mädchen achten verstärkt auf ihr Aussehen und wollen den Jungen gefallen.

Die Jungen wollen den Mädchen durch mutiges Auftreten und Vorführen ihrer Kraft imponieren.

**Freundschaften** bilden sich und gehen wieder auseinander. Die einen zieht es mehr zur Gruppe, die anderen sind lieber allein oder zu zweit.

Zwischen Jungen und Mädchen bilden sich auch **Partnerbeziehungen** von verschiedener Art und Dauer heraus. Man ist zum ersten Mal verliebt (Abb. 2) oder hat sogar den ersten Liebeskummer.

2 ▸ Zum ersten Mal verliebt

Früher oder später erwacht das Bedürfnis nach Austausch von Zärtlichkeiten, Küssen, Schmusen, Streicheln. Jungen und Mädchen interessieren sich zunehmend für sexuelle Fragen, möchten mehr dazu erfahren. Hierüber kann man offen sprechen, mit Eltern, Bekannten, auch mit Lehrern.

**Sexuelle Kontakte** und Partnerbeziehungen sollten aber nicht zu früh oder unüberlegt aufgenommen werden. Wichtig ist hierbei, dass man sich vorher gründlich kennen lernt und dass man die Gefühle und Einstellungen des anderen achtet, außerdem darf man nichts erzwingen.

**Die Mädchen durchlaufen zwischen dem 11. und 17., die Jungen zwischen dem 13. und 18. Lebensjahr ihre geschlechtliche Reifezeit, die Pubertät. Dies ist verbunden mit einem körperlichen Gestaltwandel, Ausprägung der sekundären Geschlechtsmerkmale sowie Veränderungen in den Gefühlen und Verhaltensweisen der Jugendlichen.**

M

## Sexuelle Wertorientierungen

Sexualität ist beim Menschen ein **bewusst gesteuertes Handeln** und **Erleben.** Dieses wird von gesellschaftlichen Leitbildern, von sozialen Lebensumständen wie Beruf, Familie, Freundeskreis, von der Erziehung, den positiven und negativen Erfahrungen beeinflusst. Deshalb gibt es Unterschiede in den sexuellen Einstellungen, Bedürfnissen und Handlungsweisen der einzelnen Menschen.

Aus diesem Grunde ist es auch schwer, Normen aufzustellen, an die sich alle Menschen halten müssen. Man kann nur Persönlichkeitseigenschaften und ethische Werte nennen, die für eine Partnerschaft, Ehe und Familie wichtig sind. Dazu gehören gegenseitiges Verständnis und Vertrauen, gemeinsame Verantwortung für Lebenssituationen, gegenseitige Achtung, Toleranz, Liebe, Zärtlichkeit, Einfühlungsvermögen, Rücksichtnahme u.a.
Weitere ethische Prinzipien sind die Ablehnung jeglicher Form von sexueller Gewalt und sexuellem Missbrauch sowie die Toleranz gegenüber Homosexuellen.

Jeder junge Mensch entwickelt seine ganz persönliche individuelle Form des Sexual- und Partnerverhaltens. Orientierungshilfe dabei leisten u.a. Eltern, Freunde, Jugendzeitschriften und Schule.

## Hetero-, Homo-, Bisexualität

Die meisten Menschen sind sexuell auf Partner des *anderen* Geschlechts orientiert **(heterosexuell).** Etwa 5–10% haben sexuelle Beziehungen zu Partnern des *gleichen* Geschlechts **(homosexuell)** oder Kontakte zu *beiden* Geschlechtern **(bisexuell)**.

Sexuelle Kontakte zwischen Personen gleichen Geschlechts müssen kein Anzeichen für homosexuelle Veranlagung sein, verunsichern aber die Betroffenen zunehmend. Sie versuchen, ihre „anders" gerichteten Gefühle zu verdrängen und zu verbergen. Erst nach längerer Zeit bekennen sie sich offen zu ihrem *Schwul-* oder *Lesbischsein* („Coming-out").

Die **Ursachen** für diese sexuellen Erscheinungsformen sind noch nicht völlig geklärt. Homosexuelle sind jedenfalls weder krank noch pervers.
Deshalb werden homosexuelle Beziehungen zwischen Erwachsenen auch nicht mehr strafrechtlich verfolgt. Es gibt aber immer noch Vorbehalte und Diskriminierung gegenüber Schwulen, Lesben und Bisexuellen. Daher kämpfen ihre Interessenvertreter verstärkt um die Anerkennung und rechtliche Gleichstellung dauerhafter homosexueller Partnerschaften.
Hierzu sind inzwischen durch den deutschen Bundestag gesetzliche Regelungen erfolgt. Danach können Homosexuelle ihre Lebenspartnerschaft eintragen lassen und genießen ähnliche Rechte wie Ehepaare.

1 ▸ Homosexuelle Paare nach der Eintragung ihrer Lebenspartnerschaft

## Sexuelle Gewalt und sexueller Missbrauch

**Sexualität** ist ein Wesensmerkmal des Menschen, sexuelle Beziehungen sind ein wichtiger Bestandteil menschlichen Verhaltens. Wenn zwei Menschen sich lieben und Zärtlichkeiten austauschen, so ist das etwas sehr Schönes, in körperlicher wie in geistig-seelischer Hinsicht.

Es gibt aber negative oder sogar abartig krankhafte Formen sexuellen Verhaltens. Das sind solche sexuellen Handlungen, die **gegen** den Willen der Betroffenen, mit **Gewaltanwendungen** oder **Drohungen** vollzogen werden.

Ganz besonders schlimm ist der **sexuelle Missbrauch von Kindern.** Sexueller Missbrauch bedeutet, dass Mädchen oder Jungen zu sexuellen Handlungen verführt oder gezwungen werden, z. B. zum Anschauen oder Berühren der Geschlechtsorgane oder auch zum gewaltsamen Geschlechtsverkehr mit Verletzung oder sogar anschließender Tötung. Sexueller Missbrauch wird deshalb unter schwere Strafe gestellt.

Die Täter sind in solchen Fällen zumeist Personen, die ihre Opfer im Auto mitnehmen oder durch Geld, Geschenke, Süßigkeiten und Versprechungen an einsame Orte locken.

Es sind nicht immer Fremde, die Kinder missbrauchen, oft sind es Bekannte, Verwandte oder sogar Familienangehörige (Vater, Stiefvater, Bruder).

Die strafbaren sexuellen Handlungen finden in solchen Fällen oft wiederholt über längere Zeit statt. Sie werden erst spät aufgedeckt, weil die betroffenen Kinder durch Belohnungen oder Druck zum Schweigen gezwungen werden oder sich schämen, offen darüber zu sprechen.

Nicht jede Zärtlichkeit zwischen Erwachsenen und Kindern / Jugendlichen ist gleich sexueller Missbrauch. Daher keine Panik, aber im Zweifels- oder Wiederholungsfall nicht schweigen, sondern offen Rat und Hilfe holen.

**Beachte deshalb:**

- Du darfst dich nicht in Gefahr begeben, z. B. niemals zu Fremden in ein Auto steigen, dich nicht an einsame Orte locken lassen.
- Du darfst dich nicht von Bekannten oder Verwandten zu sexuellen Handlungen überreden lassen, auch keine Belohnungen oder Geschenke dafür annehmen.
- Du sollst sofort mit den Eltern oder anderen Vertrauenspersonen sprechen, wenn jemand dich missbrauchen will oder missbraucht hat.
- Du musst lernen, **„Nein!“** zu sagen, wenn es dir unangenehm ist, **wie** dich jemand berührt.

## Fortpflanzung und Entwicklung bei Säugetieren

*Mit dem Frühjahr beginnt bei den Säugetieren die* ***Paarungszeit****. Bei unseren Katzen z.B. setzt der große „Katzenjammer“ ein. Mehrere Kater werben um die Katze mit eigenartigem Gesang. Die Katze selbst führt mit ihrem Körper rollende Bewegungen aus.*

Wenn man die Geschlechtsorgane der Menschen mit denen der Säugetiere vergleicht, dann stellt man Gemeinsamkeiten fest.

Zu den **männlichen Geschlechtsorganen** (Abb. 1) zählen jeweils zwei Hoden, Nebenhoden und Samenleiter, außerdem die Vorsteherdrüse und das Glied.

In den *Hoden* werden die Samen gebildet und in den *Nebenhoden* gespeichert. Durch die *Samenleiter* werden die Samen bis zur Harnröhre transportiert.
Damit die Samen beweglich bleiben, werden durch die *Vorsteherdrüse* noch Sekrete hinzugegeben.

Zu den **weiblichen Geschlechtsorganen** (Abb. 1) gehören zwei *Eierstöcke*, zwei *Eileiter*, die *Gebärmutter* und die *Scheide*.

In den Eierstöcken werden Eizellen gebildet, die in den Eileiter wandern.

Wenn sich Katze und Kater **paaren (Begattung),** werden männliche Samenzellen über das Glied in die Gebärmutter des Weibchens übertragen. Von dort wandern die Samenzellen in die Eileiter. Befinden sich zu der Zeit Eizellen im Eileiter, verschmelzen Samenzelle und Eizelle. Die Eizellen werden befruchtet (innere Befruchtung).

Die befruchteten Eizellen wandern nun in die Gebärmutter und nisten sich dort in der Schleimhaut ein. Aus jeder befruchteten Eizelle entwickelt sich ein **Embryo.**

Die Embryonen sind über die Gebärmutterschleimhaut mit dem Muttertier verbunden und erhalten von ihm Sauerstoff und Nährstoffe. Dadurch können die Embryos wachsen und sich entwickeln. Dabei liegen sie geschützt im Mutterleib, und die gesamte Entwicklung erfolgt unabhängiger von äußeren Einflüssen, z. B. der Temperatur.

Die Entwicklung der Jungen im Mutterleib verläuft bei allen Säugetieren in ähnlicher Weise. Unterschiedlich ist die Entwicklungsdauer im Mutterleib. Beim *Goldhamster* beträgt sie z.B. 16 Tage, beim *Elefanten* bis zu 2 Jahren (s. S. 93).

Wenn alle Organe entwickelt sind und der Embryo eine bestimmte Größe hat, setzt die **Geburt** ein. Die Muskulatur der Gebärmutter presst die Jungen über die Scheide nach außen. Die Anzahl der Jungen ist bei den Säugetieren sehr unterschiedlich. Beim *Schwein* beträgt sie bis zu 12 und bei der Katze bis zu 6 Jungen (s. S. 93).

**Die Entwicklung der Jungen erfolgt geschützt im Mutterleib. Die Säugetiere bringen ihre Jungen lebend zur Welt.** M

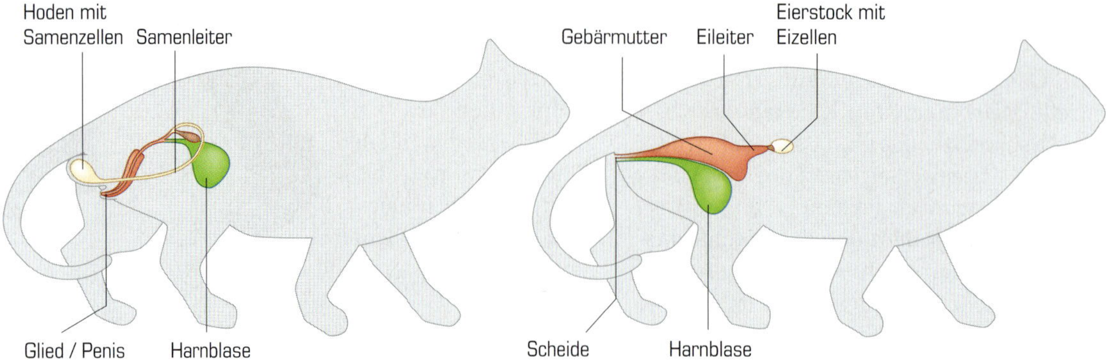


1 ▸ Männliche Geschlechtsorgane eines Katers und weibliche Geschlechtsorgane einer Katze

1 ▸ Die jungen Igel finden nach der Geburt sofort die Zitzen.

Sofort nach der Geburt suchen die Jungen die Zitzen des Muttertieres auf und fangen an zu *saugen* (Abb. 1). Dieses Verhalten ist *angeboren.*

In die Zitzen münden nämlich Milchdrüsen, in denen die Milch produziert wird. Diese Milch ist in den ersten Wochen die Nahrung der jungen Tiere.

Von der *Tragzeit,* so nennt man die Entwicklungszeit im Mutterleib, hängt auch der Entwicklungszustand der Jungen nach der Geburt ab.

Die Entwicklungszeit im Mutterleib ist z. B. von *Igel* und *Kaninchen* sehr kurz. Sie kommen blind, nackt und hilflos zur Welt und müssen deshalb von den Elterntieren noch eine längere Zeit betreut werden. Sie sind **Nesthocker.**

Die Elterntiere bauen schon vor der Geburt an einem sicheren Ort ein Nest, z. B. in Höhlen. Dort können sich die Jungtiere geschützt vor Feinden entwickeln. Die einzige Nahrung in dieser Zeit ist die Milch der Mutter. Nach einigen Wochen ist das Fell voll entwickelt. Sie können sehen und sich gut fortbewegen.

Bei *Pferd* oder *Schwein* ist die Entwicklungszeit im Mutterleib dagegen relativ lang. Die Jungen können bereits wenige Augenblicke nach der Geburt schon laufen und sich in ihrer Umgebung orientieren. Ihr Fell ist voll entwickelt. Sie sind **Nestflüchter.**

Sie finden ohne Probleme die Zitzen der Mutter und beginnen zu saugen. Wenn die Bewegungen der Jungen auch zu Anfang etwas holprig aussehen, so sind sie aber bald schon in der Lage, ihren Müttern über große Strecken zu folgen.

2 ▸ Rind mit saugendem Kälbchen

## Teste dich selbst!

1. In der Arktis findest du den Eisbären, in der Wüste den Wüstenfuchs, im Meer den Blauwal.
   Säugetiere können in fast allen Gebieten der Erde leben. Begründe diese Aussage.

2. Flusspferde leben in Afrika und halten sich oft im Wasser auf.
   a) Entwickle einen Steckbrief über diese Säugetierart. Nutze dazu Literatur bzw. das Internet.
   b) Beschreibe, wie das Flusspferd an den Aufenthalt im Wasser angepasst ist.

3. Haustiere unter den Säugetieren haben große Bedeutung für den Menschen. Nenne Haustiere und deren Nutzung.
   Fertige dazu eine Tabelle an.

4. Ermittle in einem Supermarkt, welche Nahrungsmittel aus Milch hergestellt wurden.

5. Auf Bauernhöfen werden viele Nutztiere gehalten.
   a) Nenne die Nutztiere, die du auf einem Bauernhof finden kannst.
      Trage die Tiere in eine Tabelle ein.

| **Säugetiere** | **andere Nutztiere** |
|---|---|

   b) Welche Folgen hat die Unterbringung vieler Nutztiere auf engem Raum?

6. Nicht nur Tierschützer fordern eine artgerechte Tierhaltung.
   Erläutere, was man darunter versteht.

7. Beschreibe Formen der Rinderhaltung. Stelle jeweils Vor- und Nachteile der Haltungsmethoden in einer Tabelle zusammen.
   Nutze dazu Literatur bzw. das Internet.

8. Unsere Haustiere stammen von Wildtieren ab. Hausschweine wurden z. B. aus Wildschweinen gezüchtet.
   Von welchen Wildtieren stammen unsere Hausrinder ab?
   Bereite einen Vortrag vor. Nutze dazu das Internet bzw. Fachbücher.

9. Betrachte ein Stück Fell mit der Lupe.
   Beschreibe den Aufbau des Fells.
   Welche Unterschiede stellst du zwischen Woll- und Grannenhaaren fest?

10. Der Wechsel zwischen Winter- und Sommerfell ist z. B. beim Hermelin auffällig.

   a) Erkläre die Angepasstheit der Felle an die Jahreszeiten.
   b) Worin unterscheiden sich Sommer- und Winterfell. Begründe die bessere Angepasstheit.

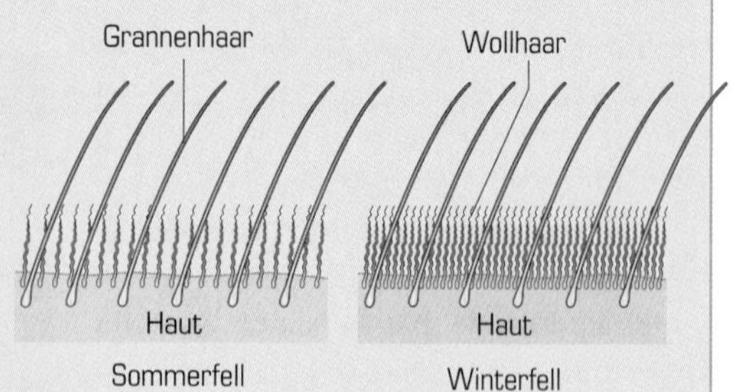


11. Nenne Vor- und Nachteile des Zusammenlebens von Tierarten in einer Gruppe.

2

## Teste dich selbst!

**12.** Wenn du einen Zoo aufsuchst, beobachte einige Tiere genau.
Stelle fest, wer einzeln oder in einer Gruppe lebt. Fertige dazu eine Tabelle an. Begründe deine Zuordnung.

| Lebt einzeln | Lebt in Gruppe |
|---|---|

**13.** Innerhalb von Tiergruppen mit Rangordnungen scheinen Rangkämpfe und Unterordnung aus menschlicher Sicht nicht schön zu sein. Trotzdem haben ranghohe und rangniedere Tiere in solch einer Gruppe mehr Vorteile als Nachteile beim Überleben in der Natur.
Fasse in einer Tabelle Vor- und Nachteile ranghoher und rangniederer Tiere zusammen.

| | ranghohes Tier | rangniederes Tier |
|---|---|---|
| Vorteile | | |
| Nachteile | | |

**14.** Berichte über Erlebnisse mit deiner Katze.
a) Nenne typische Verhaltensweisen der Katze.
b) Wie grenzen Katzen ihr Revier ab?
c) Warum sind Katzen gute Jäger? Beschreibe, wie sich die Katze an die Beute heranschleicht und sie fängt.

**15.** Nenne Vor- und Nachteile einzeln lebender Tiere.

| Vorteile | Nachteile |
|---|---|

**16.** Vergleiche Körpergliederung, Skelett und Lebensmerkmale von Säugetier und Mensch. Stelle Gemeinsamkeiten und Unterschiede in einer Tabelle gegenüber. Ziehe eine Schlussfolgerung zur Zuordnung des Menschen zu den Säugetieren.

**17.** Übernimm die Ziffern in dein Heft. Benenne die Teile des Katzenskeletts.

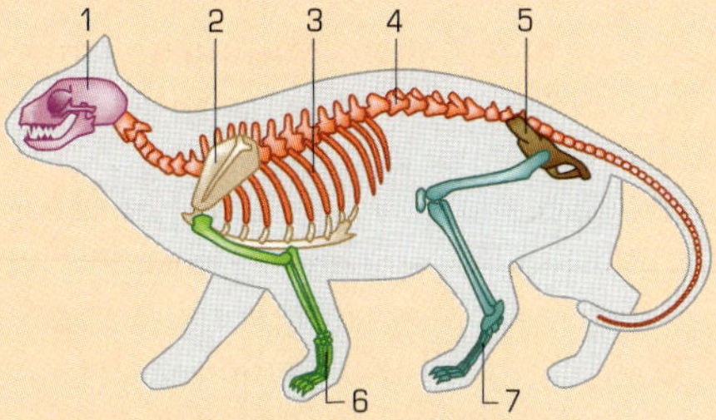


**18.** Bei den Säugetieren gibt es verschiedene Arten der Fortbewegung.
a) Nenne die Fortbewegungsart folgender Säugetiere: Fledermaus, Eichhörnchen, Seehund, Känguru, Maulwurf, Katze, Maus, Delfin.
b) Nenne Anpassungsformen an die Fortbewegung der oben genannten Säugetiere.

| Säugetier | Anpassungsformen |
|---|---|

**19.** Beobachte ein Meerschweinchen und eine Katze bei der Nahrungsaufnahme. Stelle deine Beobachtungsergebnisse in einer Tabelle gegenüber.

**20.** Die Art der Nahrung ist bei Säugetieren sehr vielfältig. Sie fressen u.a. Gras, Früchte, Insekten, Fleisch, kleine Krebse (Krill) und saugen sogar Blut (Vampirfledermaus).
a) Was fressen folgende Tiere: Ameisenbär, Blauwal, Braunbär, Elch, Feldhase, Löwe, Steinmarder, Hausmaus, Reh, Wildschwein, Wolf? Fertige eine Tabelle an.
b) Erkläre den Zusammenhang zwischen der Art der Nahrung und dem Bau des Gebisses an einem Beispiel.
c) Vergleiche den Bau von Fleischfresser-, Pflanzenfresser- und Allesfressergebiss.

## Teste dich selbst!

**21.** Beschreibe den Weg der Nahrung durch den Säugetierkörper.

**22.** Durch ihre hohen Ansprüche an den Lebensraum sind viele Säugetierarten in unserer Heimat gefährdet.
- **a)** Informiere dich, welche geschützten Säugetiere in deinem Heimatort bzw. in dessen Umgebung vorkommen.
- **b)** Nenne Ansprüche an den Lebensraum verschiedener Säugetierarten.
- **c)** Was kann getan werden, um gefährdete Säugetierarten zu erhalten? Beschreibe an Beispielen.

**23.** Informiere dich in einer Naturschutzeinrichtung über die Regeln, die in Naturschutzgebieten eingehalten werden müssen. Begründe die Regeln.

**24.** Beschreibe den Bau und die Funktionen der männlichen und weiblichen Geschlechtsorgane (mithilfe der Abb. 1, S.106 u. Abb. 1, S. 108).

**25.** Nenne und begründe Maßnahmen zur Hygiene der Geschlechtsorgane.
Warum ist Menstruationshygiene besonders wichtig?

**26.** Definiere den Begriff Befruchtung.

**27.** Beschreibe die Entwicklung des Babys im ersten Jahr nach seiner Geburt und die erforderlichen Maßnahmen seiner Betreuung.
Nutze deine eigenen Erfahrungen mit jüngeren Geschwistern oder sprich mit deinen Eltern darüber.

**28.** Welche körperlichen Veränderungen vollziehen sich während der Pubertät
- **a)** beim Mädchen und beim Jungen?
- **b)** Vergleiche mit deiner eigenen Entwicklung, mit der Entwicklung deiner Klassenkameraden und deiner Geschwister.

**29.** Stelle in einer Tabelle die primären und sekundären Geschlechtsmerkmale zusammen.

| **Geschlechtsorgane** | **weiblich** | **männlich** |
|---|---|---|
| **primäre** | | |
| **sekundäre** | | |

**30.** Diskutiere über Erfahrungen und Probleme mit Verhaltensänderungen im Pubertätsalter.

**31.**
- **a)** Wie können Kinder Gefahrensituationen für sexuellen Missbrauch und für Gewalttaten vermeiden?
- **b)** Wie können sie zur Aufklärung solcher Vorfälle beitragen?

**32.** Beschreibe den Bau und die Funktion der Geschlechtsorgane eines Katers und einer Katze. Vergleiche sie mit den Fortpflanzungsorganen beim Menschen.

**33.** Die Tragezeiten, aber auch die Entwicklungsstadien der Nachkommen sind bei Säugetieren sehr unterschiedlich.
- **a)** Stelle die Entwicklungszeiten der Embryonen im Mutterleib und die Anzahl der Nachkommen von folgenden Säugetieren in einer Tabelle dar:
  Maus, Wal, Eichhörnchen, Schwein, Hase, Katze.
- **b)** Welche Tiere sind Nesthocker und welche Nestflüchter?
  Ergänze in der Tabelle.

| **Tierart** | **Tragzeit in Tagen** | **Zahl der Nachkomen** | **Nesthocker Nestflüchter** |
|---|---|---|---|

2

## Das Wichtigste auf einen Blick

### Merkmale der Säugetiere

Säugetiere besitzen eine trockene Haut mit Haaren, ein Fell. Sie bringen ihre Jungen lebend zur Welt, die vom Muttertier gesäugt werden

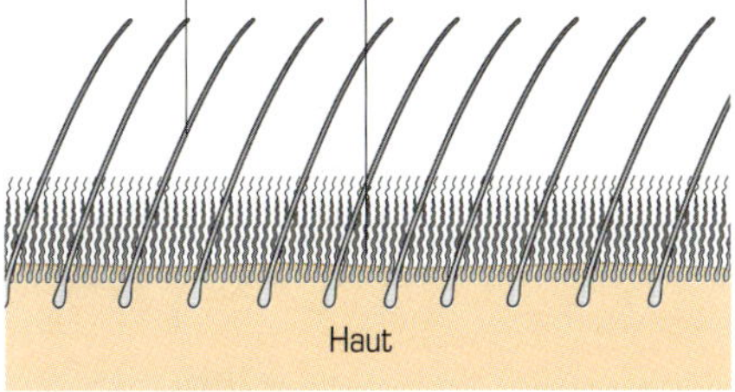

### Säugetiere – Bewohner aller Lebensräume

Säugetiere findet man in allen Lebensräumen. An diese Lebensräume sind sie durch bestimmte Körpermerkmale angepasst.

| Lebensraum | Wasser | Land | Luftraum |
|---|---|---|---|
| Beispiele |  |  |  |
| Körpermerkmale | stromlinienförmiger Körper, dicke Fettschicht | walzenförmiger Körper, kleine Augen | kleiner Körper, kleine Augen |
| Gliedmaßen | flossenförmig | Vordergliedmaßen zu Grabschaufeln umgewandelt | Vordergliedmaßen flügelähnlich mit Flughäuten |
| Fortbewegung | Schwimmen | Maulwurf – Graben / andere Säugetiere – Laufen | Fliegen |

### Atmung der Säugetiere

Säugetiere atmen mit einer Lunge. In der Lunge befinden sich viele Lungenbläschen. Dadurch wird die Oberfläche der Lunge vergrößert und sie wird leistungsfähiger. Der Gasaustausch findet in den Lungenbläschen statt.

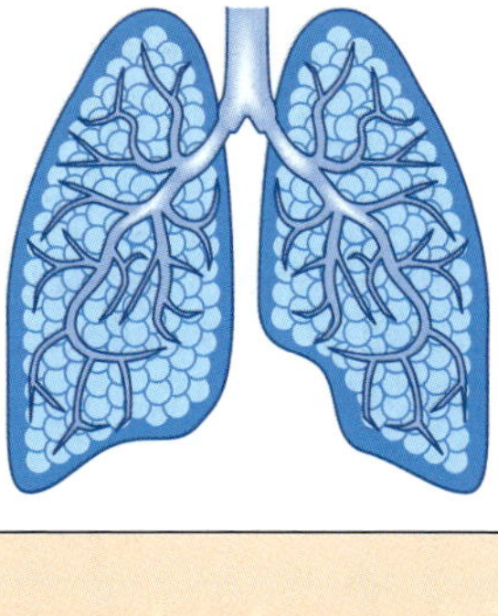

## Das Wichtigste auf einen Blick

**Ernährung der Säugetiere**

Das **Gebiss** der Säugetiere besteht aus Schneide-, Eck- und Backenzähnen. Es besteht ein enger Zusammenhang zwischen dem Bau des Gebisses und der Ernährungsart.

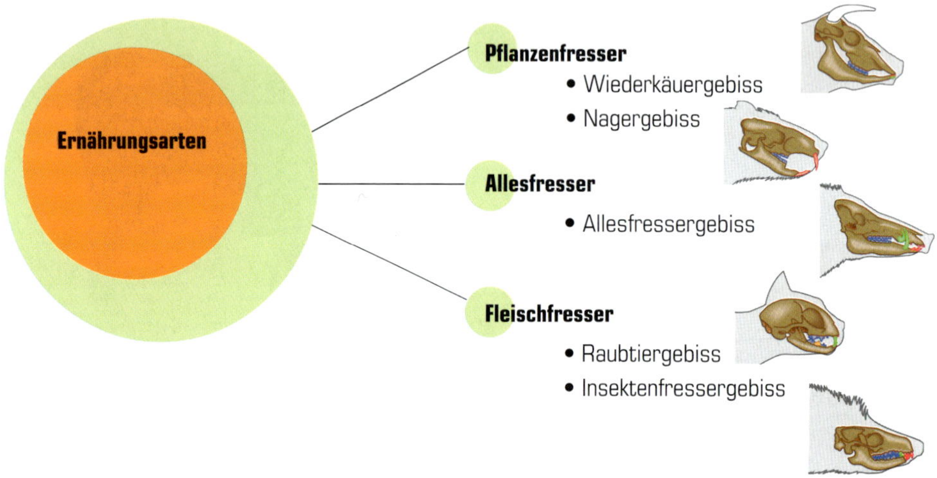


**Fortpflanzung der Säugetiere**

Man unterscheidet **männliche** und **weibliche Geschlechtsorgane**. In den männlichen Geschlechtsorganen werden die Spermien (männliche Geschlechtszellen) und in den weiblichen Geschlechtsorganen die Eizellen (weibliche Keimzellen) gebildet.

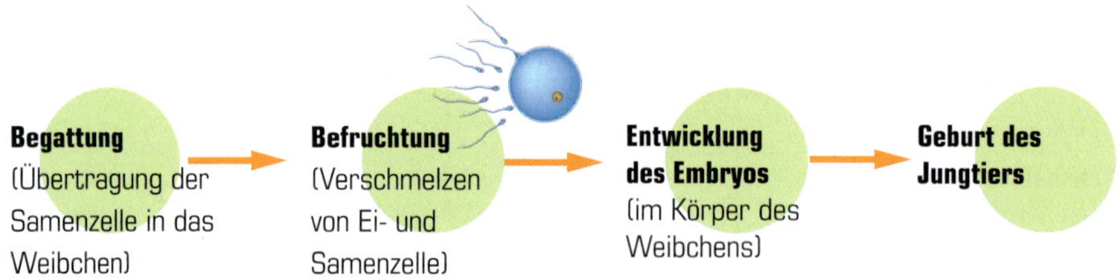


Nach der Geburt durchlaufen die Säugetiere verschiedene **Entwicklungsstadien** vom Jungtier bis hin zum geschlechtsreifen erwachsenen Tier.

Beim Menschen nennt man diese Entwicklungsstadien u. a. Säuglings-, Kindes- und Erwachsenenalter.

Der Übergang vom Kind zum Erwachsenen wird Pubertät genannt. Sie ist die Zeit der Geschlechtsreife und gekennzeichnet durch körperliche Reifungsvorgänge und geistig-seelische Veränderungen.

Während der Paarung und nach der Geburt zeigen Säugetiere typische Verhaltensweisen, z. B. Paarungsverhalten und Brutpflege.

# 2.6 Angepasstheit der Wirbeltiere an ihre Lebensräume

**50 000 verschiedene Wirbeltierarten ▸▸** Auf der Erde leben ca. 50 000 verschiedene Arten von Wirbeltieren. Sie bewohnen nahezu alle Lebensräume der Erde. Zu ihnen gehören die Gruppen Fische, Lurche, Kriechtiere, Vögel und Säugetiere.

**Angepasst an ihren Lebensraum ▸▸** Die Wirbeltiere sind durch ihren Bau und durch bestimmte Verhaltensweisen an ihren Lebensraum angepasst. Fische haben einen stromlinienförmigen Körper und Flossen. Vögel haben zu Flügel umgebildete Vordergliedmaßen. Auch die inneren Organe sind an die Lebensräume optimal angepasst.

| **Merkmale der Wirbeltierklassen** | | |
|---|---|---|
| | **Fische** | **Lurche** |
| **Skelett** | <br>Schädel, Wirbelsäule, Rippen, Flossenstrahlen | 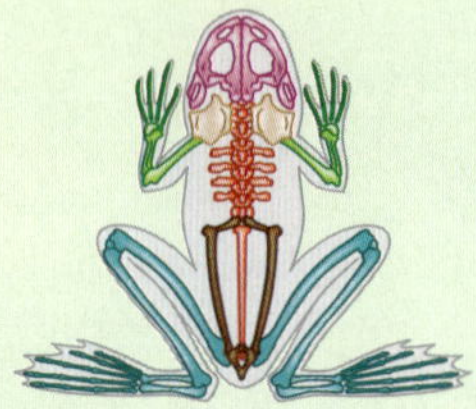<br>Schädel, Wirbelsäule, Rippen, Schultergürtel, Beckengürtel, Vorder- und Hintergliedmaßenskelett |
| **Körperbedeckung** | 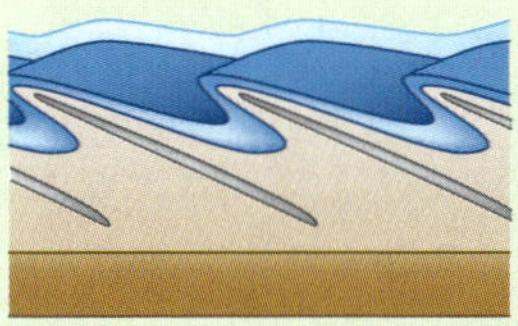<br>schleimige Haut (mit Schuppen) | 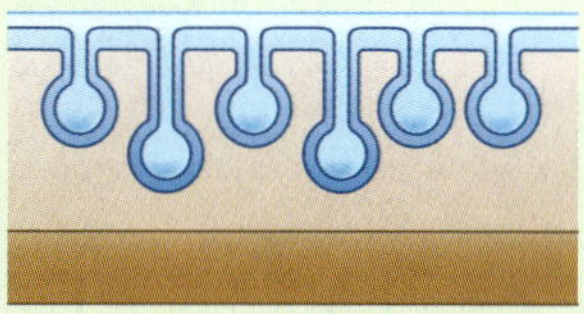<br>schleimig feuchte, nackte Haut (Drüsen) |
| **Atmung** | Kiemen<br>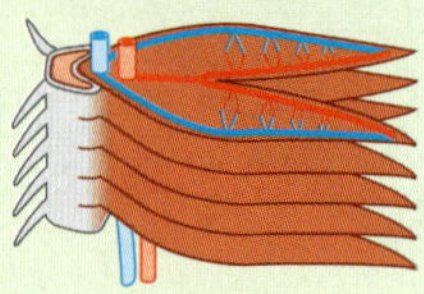 | Kaulquappen: Kiemen<br>ausgewachsene Lurche: einfach gekammerte sackförmige Lunge<br>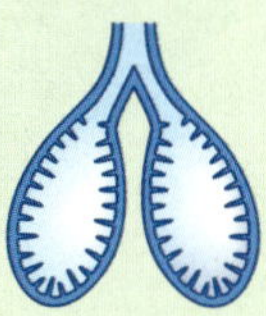 |
| **Körpertemperatur** | wechselwarm<br>Körpertemperatur ändert sich mit der Außentemperatur. | wechselwarm<br>Körpertemperatur ändert sich mit der Außentemperatur. |
| **Fortpflanzung geschlechtlich** | 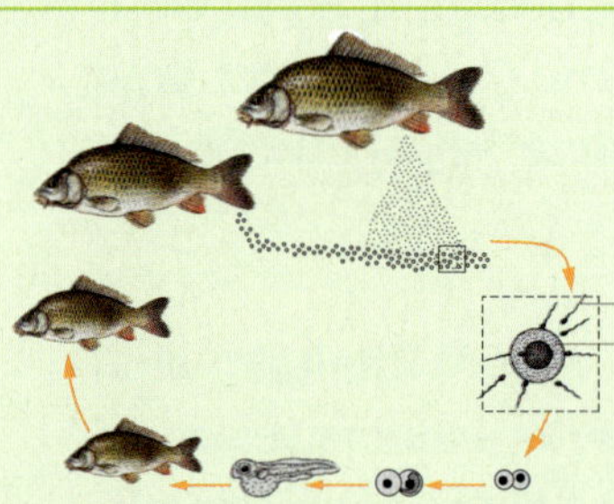<br>schalenlose Eier; befruchtetes Ei, Fischlarve, Jungfisch, erwachsener Fisch;<br>Entwicklung im Wasser | 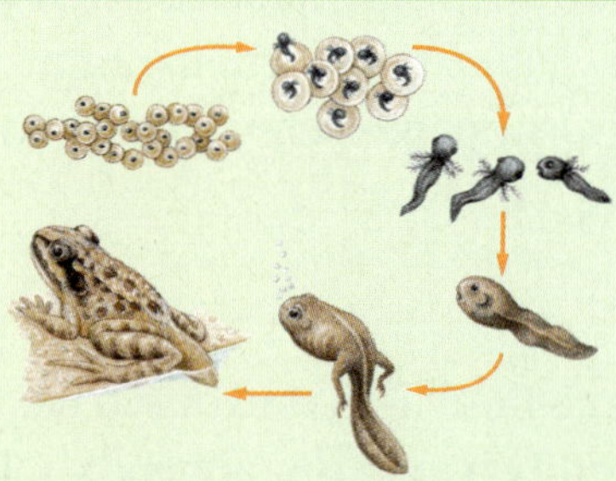<br>Eier mit Gallerte; befruchtetes Ei, Froschlarve (Kaulquappe), Jungfrosch;<br>Metamorphose im Wasser |
| **Befruchtung** | äußere Befruchtung | äußere Befruchtung |
| **Lebensraum** | Wasser | Wasser / Land |
| **Abhängigkeit vom Wasser** | Wasser notwendig | starke Wasserabhängigkeit |

**Merkmale der Wirbeltierklassen**

| **Kriechtiere** | **Vögel** | **Säugetiere** |
|---|---|---|
|  Schädel, Wirbelsäule, Rippen, Schulter-, Beckengürtel, Vorder- und Hintergliedmaßenskelett | 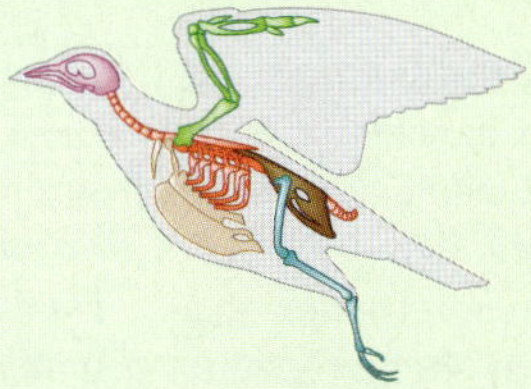 Schädel, Wirbelsäule, Rippen, Brustkorb, Schulter-, Beckengürtel, Vorder- und Hintergliedmaßenskelett | 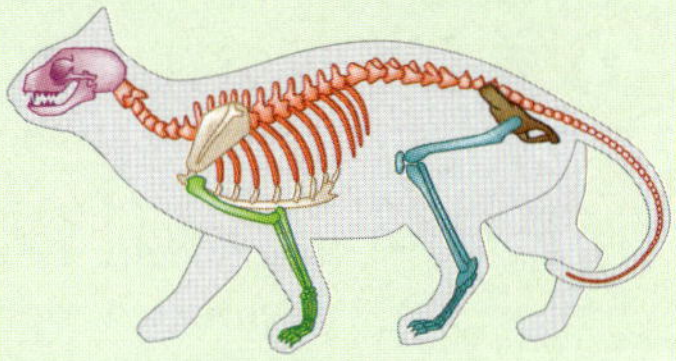 Schädel, Wirbelsäule, Rippen, Brustkorb, Schulter- und Beckengürtel, Vorder- und Hintergliedmaßenskelett |
| 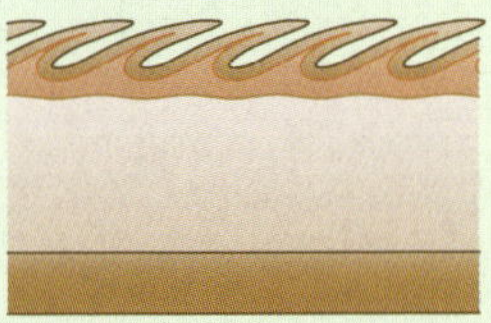 trockene Haut (Hornschuppen) | 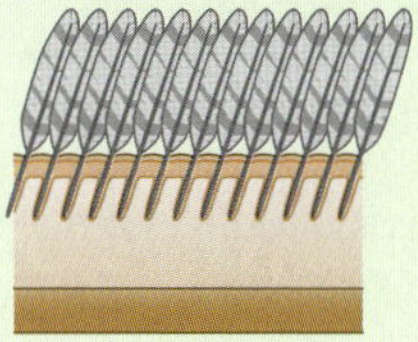 trockene Haut (mit Federn) | 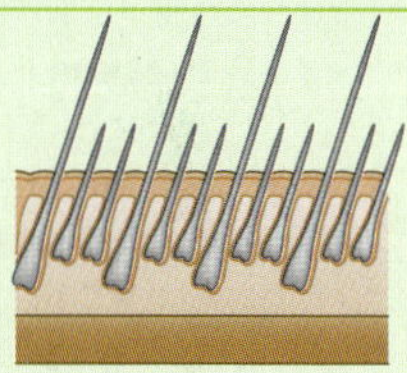 trockene Haut (mit Haaren) |
| mehrfach gekammerte Lunge 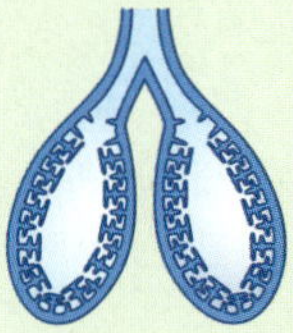 | stark gekammerte Lunge (Luftsäcke) 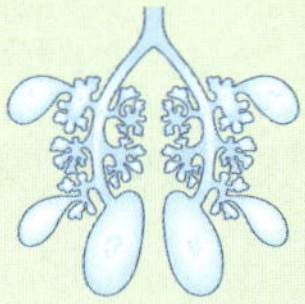 | Lunge mit Lungenbläschen 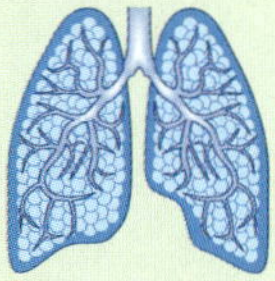 |
| wechselwarm<br>Körpertemperatur ändert sich mit der Außentemperatur. | gleichwarm<br>Körpertemperatur bleibt immer gleich (ca. 42 °C). | gleichwarm<br>Körpertemperatur bleibt immer gleich (ca. 37 °C). |
|  pergament- oder kalkschalige Eier; Schlupf der Jungtiere; Entwicklung auf dem Land<br><br>innere Befruchtung |  kalkschalige Eier; Ausbrüten der Eier, Schlupf der Jungvögel; Entwicklung auf dem Land<br><br>innere Befruchtung | 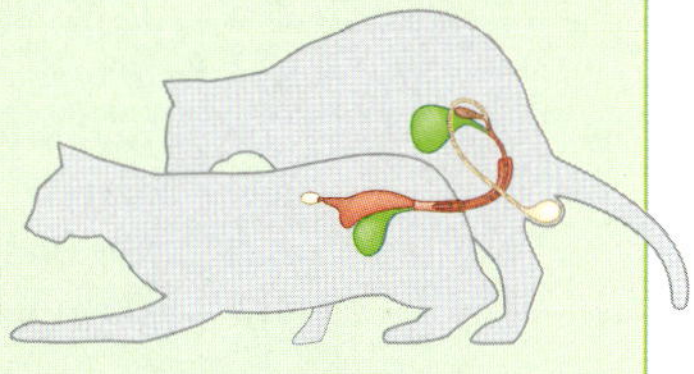 Eizellen im Mutterkörper; Entwicklung im Mutterleib; lebend gebärend<br><br>innere Befruchtung |
| Wasser / Land | Land / Luft / Wasser | Land / Luft / Wasser |
| geringe Wasserabhängigkeit | geringe Wasserabhängigkeit | geringe Wasserabhängigkeit |

## Methoden

### Wie begründe ich biologische Aussagen?

Im Biologieunterricht wirst du oftmals aufgefordert, Aussagen über biologische Sachverhalte oder Naturschutzmaßnahmen zu begründen. Beim **Begründen** sollst du nachweisen, dass die entsprechende Aussage richtig ist. Für diesen Nachweis musst du Gründe suchen und sie angeben. Beim Begründen von Aussagen kannst du **schrittweise vorgehen**.

**Aufgabe**
Lurche, Kriechtiere, Vögel und Säugetiere atmen durch Lungen. Die Lungen der Vögel und Säugetiere sind aber viel leistungsfähiger als die der Lurche und Kriechtiere.
Begründe diese Aussage.

*Schritt* 1

**Lies die Aussage, die du begründen sollst, genau durch.**
Hast du die Aufgabe richtig verstanden?

*Schritt* 2

**Gib Gründe für die Richtigkeit der Aussagen an.**

*Lurche und Kriechtiere*
Lurche und Kriechtiere besitzen relativ einfache Lungen. Die der Lurche ist einfach sackförmig und die der Kriechtiere ist schon etwas gekammert.

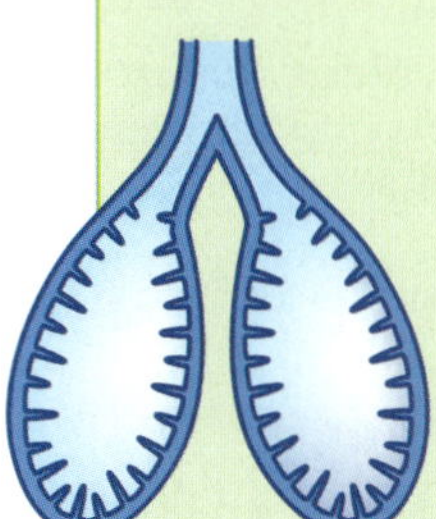

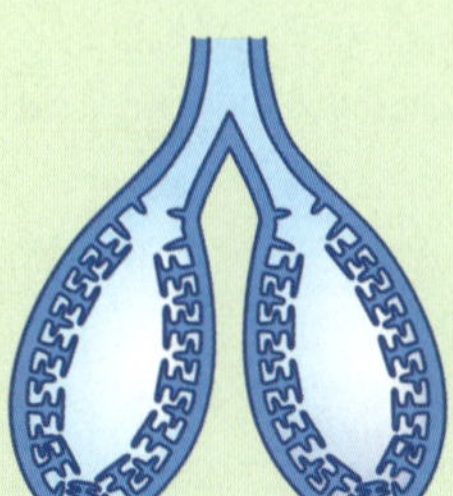

*Vögel und Säugetiere*
Die Lungen der Vögel und der Säugetiere sind im Vergleich zu den Lurchen und Kriechtieren viel komplizierter gebaut.
Die Lungen der Vögel sind stark gekammert und außerdem besitzen sie noch Luftsäcke. Die Lungen der Säugetiere sind stark gekammert und besitzen sehr viele Lungenbläschen.

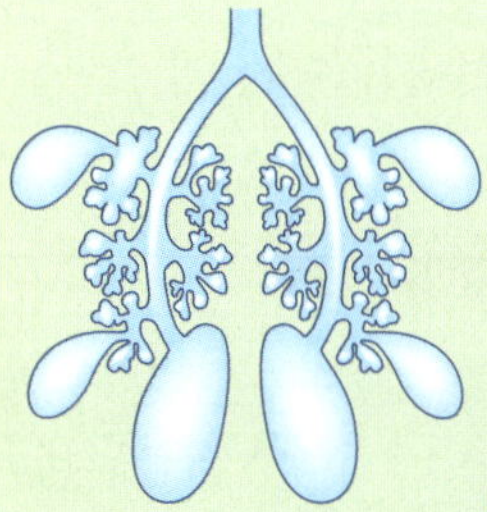

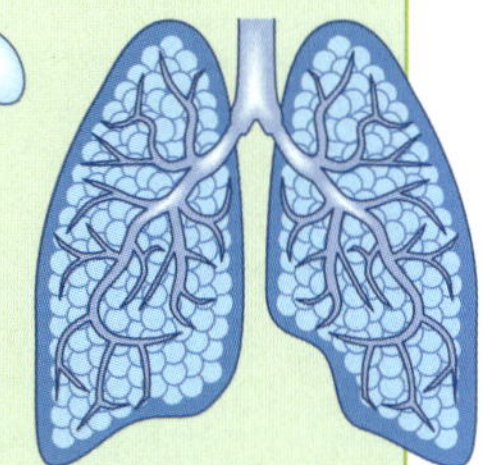

*Schritt* 3

**Formuliere die Begründung.**
Die Lungen der Vögel und der Säugetiere sind viel leistungsfähiger, weil sie viel mehr Atemgase aufnehmen und austauschen können als die der Lurche und Kriechtiere. Bei den Vögeln wird das durch die Lungen mit den Luftsäcken erreicht und bei den Säugetieren durch die Lungen mit den sehr vielen Lungenbläschen.

Dadurch wird die Oberfläche der Lunge um ein Vielfaches vergrößert. Es kann mehr Sauerstoff aufgenommen werden. Diesen Sauerstoff benötigt der Körper zur Gewinnung von Energie aus der Nahrung. Je mehr Sauerstoff aufgenommen werden kann, desto mehr Energie kann gewonnen werden, um z. B. die Körpertemperatur aufrecht zu halten oder sich fortbewegen zu können.

## Erschließungsfeld

### Wechselwirkung zwischen den Erschließungsfeldern

Alle Wirbeltiere besitzen als Hauptstütze in ihrem Skelett eine Wirbelsäule.

1. Ordne folgende Tiere richtig in ein System der Wirbeltiere ein: Kreuzotter, Wolf, Karpfen, Säugetiere, Amsel, Kriechtiere, Blauwal, Teichmolch, Vögel, Lachs, Wasserschildkröte, Lurche, Zauneidechse, Fische, Schäferhund, Pinguin, Fledermaus, Ringelnatter, Robbe, Grasfrosch, Delfin, Hai, Biber, Schimpanse, Bussard.
2. Sammle aus Zeitschriften und Illustrierten Tierbilder von Wirbeltieren. Ordne die Bilder und gib an, nach welchen Gesichtspunkten du diese Tiere ordnen könntest.

Bei Wirbeltieren besteht ein Zusammenhang zwischen dem Bau der Haut, den Atmungsorganen und ihrem Lebensraum.

3. Erkläre die Wechselwirkung zwischen Haut, Atmungsorgan und Angepasstheit an den Lebensraum für im Wasser bzw. an Land lebende Wirbeltiere.

**Die Wanderung der Erdkröte zu den Laichgewässern – notwendig aber gefährlich.**

In den Monaten März und April könnt ihr in milden, feuchten Nächten die Wanderung von Erdkröten beobachten. Die Lurche haben den Winter in Erdlöchern nahe gelegener Wälder verbracht.
Durch die langsam ansteigenden Frühjahrstemperaturen überwinden sie ihre Kältestarre und wandern zu den Laichgewässern. Dabei ignorieren sie scheinbar in der Nähe befindliche Gewässer und wandern oft mehrere Kilometer bis zu ihrem eigenen Geburtsgewässer. Doch dabei werden viele Erdkröten auf ihrer Laichwanderung durch den Straßenverkehr getötet.

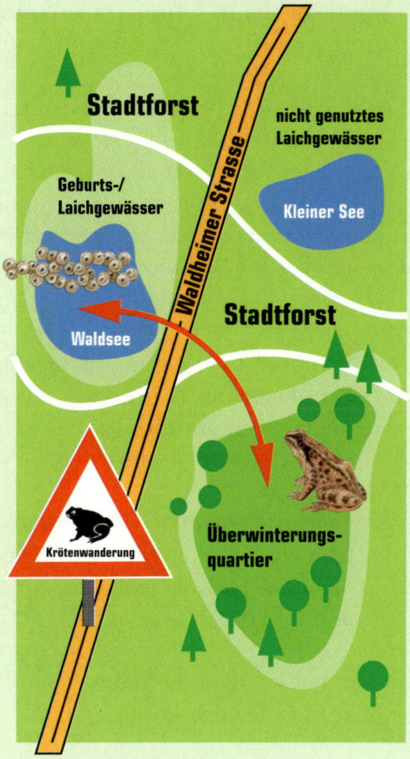


4. Formuliere eine Wechselwirkung zwischen Haut, Körpertemperatur und Verhalten im Tages- bzw. Jahresverlauf bei den Lurchen.
5. Warum legen die Lurche oft einen langen und gefährlichen Weg zum Laichgewässer zurück? Warum ignorieren sie scheinbar in der Nähe befindliche Gewässer, obwohl dadurch der Weg kürzer und sicherer werden würde?
6. Warum nutzen sie immer ihr eigenes „Geburtsgewässer“ für das Ablaichen? Warum suchen selbst die durch Naturschützer in Ersatzgewässern umgesetzten Erdkröten im nächsten Frühjahr wieder ihre Geburtsgewässer auf?
7. Formuliere einen begründeten Lösungsvorschlag für dieses scheinbar widersprüchliche Verhalten der Lurche.

## Teste dich selbst!

1. Vergleiche das Skelett eines Fisches mit dem Skelett eines Lurchs und eines Vogels (Abb. S. 125, 126).
   Fertige eine Tabelle an.

2. In den Abbildungen sind die Vordergliedmaßen von Maulwurf (a), Gans (b) und Wal (c) abgebildet.

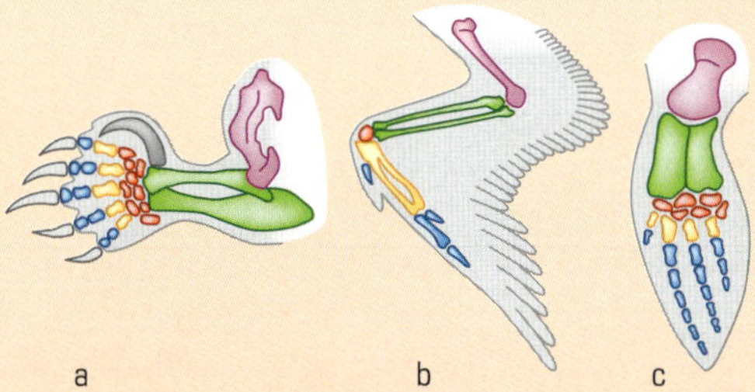


   Beschreibe an diesen Wirbeltieren den Zusammenhang zwischen dem Bau der Vordergliedmaßen und der Fortbewegung.

3. Die ersten Lebewesen entstanden im Laufe der Evolution im Meer. Bei ihnen entwickelte sich auch die geschlechtliche Fortpflanzung. Vor etwa 550 Millionen Jahren eroberten die ersten Wirbeltiere das Land. Ihre Fortpflanzung musste sich an die neuen, trockneren Verhältnisse anpassen.
   a) Definiere den Begriff geschlechtliche Fortpflanzung.
   b) Beschreibe kurz die Fortpflanzung der Fische, der Lurche, der Kriechtiere und der Vögel.
   c) Begründe, warum Kriechtiere und Vögel in Bezug auf ihre Fortpflanzung nicht vom Wasser abhängig sind wie Fische und Lurche.

4. Beschreibe Besonderheiten der Fortpflanzung der Säugetiere.

5. Lurche, Kriechtiere, Vögel und Säugetiere atmen durch Lungen, die Fische durch Kiemen.
   a) Vergleiche die Lungen- und Kiemenatmung miteinander. Ziehe eine Schlussfolgerung bezüglich der Angepasstheit an den Lebensraum.
   b) Beschreibe den Austausch der Atemgase bei den Fischen.

6. Fische, Lurche und Kriechtiere sind wechselwarm, Vögel und Säugetiere gleichwarm.
   a) Definiere die Begriffe wechselwarm und gleichwarm.
   b) Vergleiche die Überwinterung von Grasfrosch, Zauneidechse und Eichhörnchen.

7. Viele Vögel und Säugetiere finden im Winter keine Nahrung mehr, da ihre wechselwarmen Beutetiere in dieser Zeit überwintern und nicht aktiv sind.
   Wie umgehen Vögel und Säugetiere den Nahrungsmangel? Beschreibe verschiedene Anpassungsformen.

8. Nenne die Merkmale, die infolge der Angepasstheit an den Lebensraum Wasser bei folgenden Tieren entstanden sind:
   Delfin, Teichmolch, Seehund, Biber, Pinguin, Karpfen, Fischsaurier (ausgestorben). Verwende zur Beantwortung der Aufgabe Literatur bzw. das Internet.

9. Nachfolgend sind einige Wirbeltiere aufgeführt: Esel, Grasfrosch, Feuersalamander, Rothirsch, Lachs, Rotkehlchen, Hausrind, Erdkröte, Meise, Hund, Wasserfrosch.
   Ordne diese Tiere den jeweiligen Wirbeltierklassen zu und begründe die Zuordnung.

## Das Wichtigste auf einen Blick

### Merkmale der Wirbeltiere

**Wirbeltiere**

Fische, Lurche, Kriechtiere, Vögel und Säugetiere bilden die Klassen der Wirbeltiere. Alle Wirbeltiere besitzen gemeinsame Merkmale, z. B. Wirbelsäule, Körpergliederung.

**Fische**

**Lurche**

**Kriechtiere**

**Vögel**

**Säugetiere**

In Abhängigkeit vom Lebensraum unterscheiden sich Wirbeltiere z. B. in Körperbedeckung, Atmung und Fortpflanzung.

Jede Wirbeltierklasse ist durch charakteristische Merkmale gekennzeichnet. Aufgrund dieser Merkmale kann man sie unterscheiden.
Beispielsweise bringen alle Arten der Säugetiere lebende Jungen zur Welt und säugen sie.

Innerhalb der Klassen der Wirbeltiere nimmt die Abhängigkeit vom Wasser von den Fischen zu den Säugetieren ab.

# 3 Samenpflanzen

# 3.1 Bau und Lebensweise der Samenpflanzen

**Wasser, Kohlenstoffdioxid und Mineralstoffe als Nahrung ⏩** Alle Lebewesen nehmen Nahrung auf, damit sie leben können. Tiere und Menschen ernähren sich von pflanzlicher oder tierischer Nahrung.
Pflanzen sind auch Lebewesen und müssen sich ernähren. Ihre Nahrung besteht aus Wasser, Kohlenstoffdioxid und Mineralstoffen.

**Ca. 250 000 verschiedene Samenpflanzen ⏩** Es gibt viele verschieden aussehende Samenpflanzen: Bäume, Sträucher, Zierpflanzen und Gräser.
Insgesamt gibt es etwa 250 000 verschiedene Samenpflanzen. Sie unterscheiden sich nicht nur im Aussehen, auch in der Größe (über 100 m und nur wenige Millimeter), der Farbe der Blüten, der Lebensdauer. Trotz vieler Unterschiede besitzen sie Gemeinsamkeiten.

## Vielfalt und Einheitlichkeit der Samenpflanzen

Wenn von Pflanzen gesprochen wird, denken viele nur an die Pflanzen, die Samen ausbilden, wie *die Garten-Erbse* oder *Kiefer.*

Zu den Pflanzen gehören aber nicht nur die **Samenpflanzen.**

Dazu gehören Lebewesen, die einen grünen Farbstoff besitzen und daher meist grün aussehen: die **Algen,** die **Moos-** und **Farnpflanzen** und die **Samenpflanzen** (Abb. 1).

Auf dem Lande fallen uns meist zuerst die Samenpflanzen auf, Bäume, Sträucher und Kräuter. Sie prägen wesentlich das Landschaftsbild.

Samenpflanzen kommen auf der Erde in einer großen Vielfalt vor. Etwa 250 000 verschiedene Samenpflanzen sind bisher bekannt.

Samenpflanzen unterscheiden sich u. a. in der **Größe.** Die kleinste Samenpflanze, eine *Wasserlinse,* ist nur wenige Millimeter groß. Der *Mammutbaum* dagegen kann über 100 m hoch werden.

Auch die **Lebensdauer** ist unterschiedlich. Einige Samenpflanzen *leben nur kurze Zeit.* Beispielsweise lebt die *Garten-Erbse* von der Keimung bis zur Samenbildung nur ein Jahr. Der *Mammutbaum* oder die *Eiche* können dagegen über 1 000 Jahre alt werden.

Auch die **Blätter** sind unterschiedlich geformt. Einige Samenpflanzen haben *nadelförmige* Blätter (*Kieferngewächse*), die meisten aber *Laubblätter,* die wiederum sehr vielgestaltig sind (vgl. S.138).

Auch die **Blüten** unterscheiden sich in Form und Farbe. Manche leuchten auffällig, andere sind unscheinbar. Manche sind glockenförmig gestaltet, andere ähneln einem Schuh.

Erstaunlich ist auch die *Angepasstheit der Samenpflanzen* an unterschiedliche **Lebensbedingungen** (u. a. Feuchtigkeit und Licht).

1 ▸ Übersicht über die Vielfalt der Pflanzen

3

1 ▸ Weiße Seerose, kommt in Gewässern vor

3 ▸ Blaubeere, erträgt zeitweilig Trockenheit

2 ▸ Kakteen, kommen meist nur in Wüsten vor

Einige sind an die Bedingungen im oder auf dem *Wasser* angepasst und kommen daher nur in Gewässern vor (Abb. 1). Andere sind an extreme *Trockenheit* angepasst (Abb. 2). Sie können daher auch in Gegenden leben, wo es wenig Wasser gibt. Wenn Regen fällt, können sie viel Wasser in ihrem Körper speichern, welches sie in regenarmen Zeiten nutzen.

Pflanzen, die in *feuchten Gebieten* auf dem Land leben, steht ständig genügend Wasser zur Verfügung (z. B. Sumpfdotterblume). Sie brauchen keinen besonderen Schutz vor Verdunstung. Meistens haben sie relativ große Blätter.

Pflanzen *trockener Gebiete* müssen dagegen zeitweilig Wassermangel ertragen. Sie haben kleine, oft lederartige Blätter, die mit „toten“ Haaren überdeckt sind. Dadurch sind sie vor starker Verdunstung geschützt (Abb. 3).

Vergleicht man nun die Samenpflanzen, große und kleine, solche die auf feuchten und die auf trockenen Standorten leben, stellt man überraschend fest: **Sie stimmen im Grundaufbau überein** (Abb. 4).

M

**Samenpflanzen kommen in großer Vielfalt auf der Erde vor. Im Grundaufbau stimmen sie aber überein. Ihre Hauptteile sind Wurzel und Spross mit Sprossachse, Blättern und Blüten.**

4 ▸ Teile der Samenpflanzen

# Teile der Samenpflanzen und deren Funktionen

## Die Wurzeln

Die **Wurzeln** sind in der Regel unterirdische Organe und verankern die Pflanze fest im Boden. Sie nehmen Wasser und Mineralstoffe auf und leiten sie weiter. Außerdem speichern die Wurzeln häufig Stoffe. Durch ihren Bau sind sie für diese Aufgaben gut eingerichtet.

2 ▸ Hauptwurzeln mit Nebenwurzeln

Die Wurzeln verschiedener Pflanzen sind unterschiedlich gestaltet. Manche reichen tief in den Boden hinein, z. B. die vom *Winter-Raps* etwa 2,90 m. Solche Pflanzen heißen **Tiefwurzler** (Abb. 1). Dazu gehören auch *Eiche, Sonnenblume* und *Kiefer.*

Bei anderen, z. B. von *Mais, Gräsern,* und *Fichte,* breiten sich die Wurzeln ganz flach unter dem Boden aus. Sie werden deshalb auch **Flachwurzler** (Abb. 1) genannt.

Im Grundaufbau weisen die Wurzeln jedoch Gemeinsamkeiten auf.

Von der **Hauptwurzel** gehen viele **Nebenwurzeln** (Seitenwurzeln, Abb. 2) ab. Diese verzweigen sich immer weiter, werden feiner und durchdringen den Boden.

An ihren Enden befinden sich viele, winzig kleine Haare. Nur mithilfe von Lupen oder Mikroskop kann man sie sehen. Das gesamte verzweigte Netz von Wurzeln hilft zwar, die Pflanze im Boden zu verankern, aber die Aufnahme von Wasser erfolgt nur mit diesen winzig kleinen **Wurzelhaaren** (Abb. 3).

Durch die Wurzelhaare erfolgt auch die Aufnahme der Mineralstoffe.

Die Mineralstoffe liegen in gelöster Form im Bodenwasser vor. Nur in dieser Form können die Pflanzen die Mineralstoffe aus dem Bodenwasser in einem komplizierten Prozess aufnehmen.
Die Wurzeln wachsen während des gesamten Lebens der Pflanze weiter. Deshalb dringen die Wurzelspitzen auch in Bereiche des Bodens vor, wo Wasser und Mineralstoffe vorhanden sind.

**Die meisten Samenpflanzen sind durch Wurzeln im Boden verankert.**
**Die Wurzeln nehmen Wasser und Mineralstoffe durch die Wurzelhaare auf.** (M)

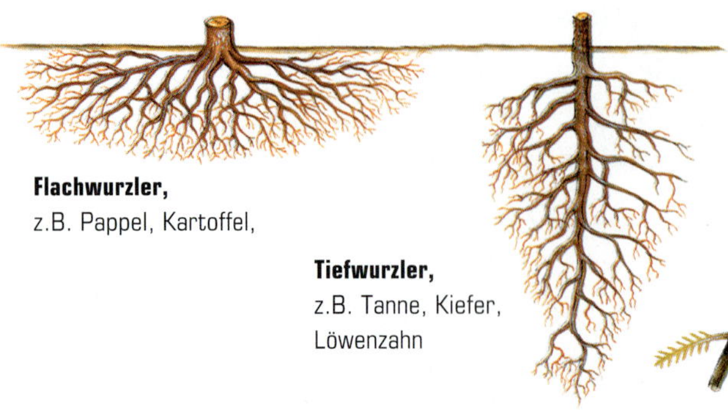


1 ▸ Unterschiedliche Gestalt der Wurzeln

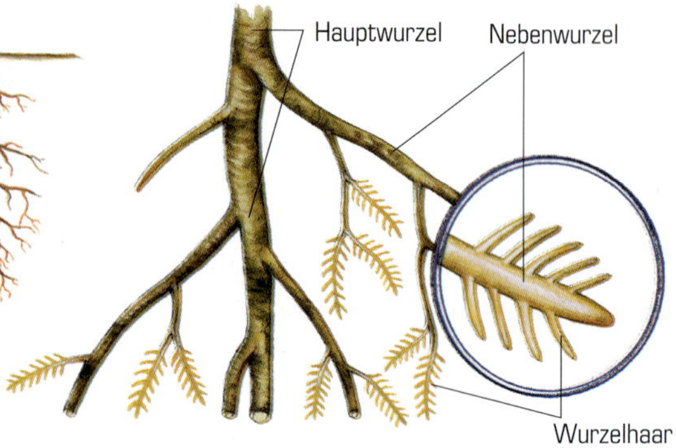


3 ▸ Bau der Wurzel (schematisch)

3

# Methoden

## Wie plane ich ein Experiment, führe es durch und werte es aus?

**Aufgabe:**
„Die Pflanzen nehmen das Wasser, das sie benötigen, mit den Wurzeln auf."
*Woher wissen wir, dass dieser Satz stimmt? Welche Möglichkeiten gibt es zu beweisen, dass dieser Satz wirklich stimmt?*
Um zu beweisen, dass Wurzeln das Wasser aufnehmen, setzen wir das **Experiment** ein. Im Unterschied zur Beobachtung verändert man beim Experiment ganz bewusst Bedingungen. Das Experiment wird so gestaltet, dass man im Ergebnis erkennen kann, ob eine vorher aufgestellte Vermutung richtig ist. Man geht auch hierbei schrittweise vor:

*Schritt* 1

### Erkennen und Formulieren des Problems

Ausgangspunkt ist immer, ein Problem zu erkennen und daraus eine Frage abzuleiten. In unserem Fall ist ganz klar, dass Pflanzen ständig Wasser aufnehmen müssen.
*Aber mit welchen Organen nehmen sie Wasser auf – mit der Sprossachse, dem Blatt oder der Wurzel?*

*Schritt* 2

### Aufstellen einer Vermutung

Nun wird versucht, auf die Frage eine vorläufige Antwort, eine *Vermutung* zu finden. In unserem Fall könnte Folgendes überlegt werden: *Da Pflanzen schnell welken, wenn sie mit ihren Wurzeln aus dem wasserreichen Boden genommen werden, sind es vermutlich die Wurzeln, die das Wasser aufnehmen.*

*Schritt* 3

### Ableiten einer experimentell prüfbaren Folgerung

Auch jetzt ist es noch schwer, ein Experiment zu „erfinden". Du musst einen wirklich prüfbaren Gedanken entwickeln, eine *experimentell prüfbare Folgerung.* Nur damit kannst du prüfen, ob die Vermutung stimmt.

In unserem Fall könnte sie lauten: *Wenn die Wurzeln einer lebenden Pflanze mit Blättern in ein Glas mit Wasser gestellt werden, müsste das Wasser im Glas weniger werden, wenn es stimmt, dass die Pflanze das Wasser mit den Wurzeln aufnimmt.*

*Schritt* 4

### Planen und Durchführen des Experiments

Jetzt kannst du einen Experimentierplan aufstellen, mit dem die Vermutung überprüft wird. In unserem Fall musst du beachten, dass *die Pflanze Blätter hat; sich ihre Wurzeln im Wasser befinden; mit einer Ölschicht verhindert wird, dass Wasser verdunsten kann, und als Vergleich ein mit Wasser gefülltes Glas ohne Pflanze benutzt wird.*
Die Versuchsanordnung könnte so aussehen:

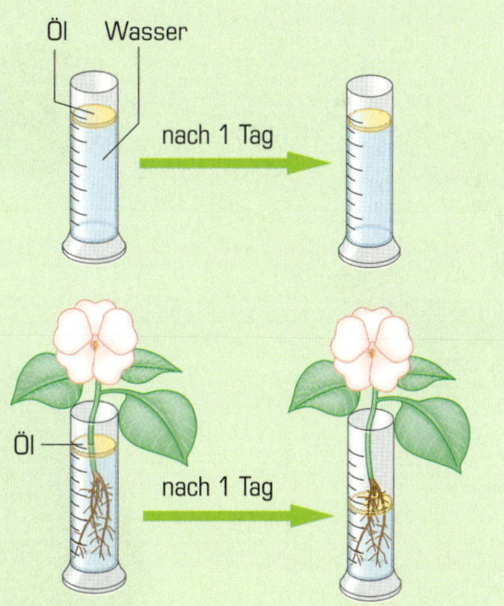


1 ▸ Experiment zum Nachweis der Wasseraufnahme durch Wurzeln

*Schritt* 5

### Auswerten und Lösen des Problems

Trage alle Ergebnisse zusammen. Vergleiche mit der Vermutung, die du aufgestellt hast: Stimmen die Beobachtungsergebnisse mit der Vermutung überein, ist das Problem gelöst. In unserem Falle wird die Vermutung bestätigt: *Pflanzen nehmen das benötigte Wasser durch die Wurzeln auf.*

## Die Sprossachse

Die **Sprossachse (Stängel)** trägt die Laubblätter, Blüten und Früchte mit den Samen. Sie verbindet Blätter und Wurzeln miteinander und sorgt für den Stofftransport zwischen ihnen.

Nach der Beschaffenheit der **Sprossachse** werden Samenpflanzen in **Kräuter** und **Holzgewächse** eingeteilt (Abb. 1).

Die Kräuter besitzen eine grüne, weiche und biegsame Sprossachse. Zu den Kräutern gehören z. B. alle Gräser.

Die Holzgewächse besitzen eine harte, feste und holzige Sprossachse.

Sprossachsen sind auch **verschieden geformt.** Bei einigen Samenpflanzen stehen sie aufrecht (Abb. 2), bei anderen liegen sie oder winden sich.

Sie können aber auch kletternd, kriechend oder aufsteigend sein.

2 ▸ Aufrechte Sprossachse der Goldrute

**Die Sprossachse trägt Laubblätter und Blüten. Man unterscheidet zwischen Kräutern und Holzgewächsen.** (M)

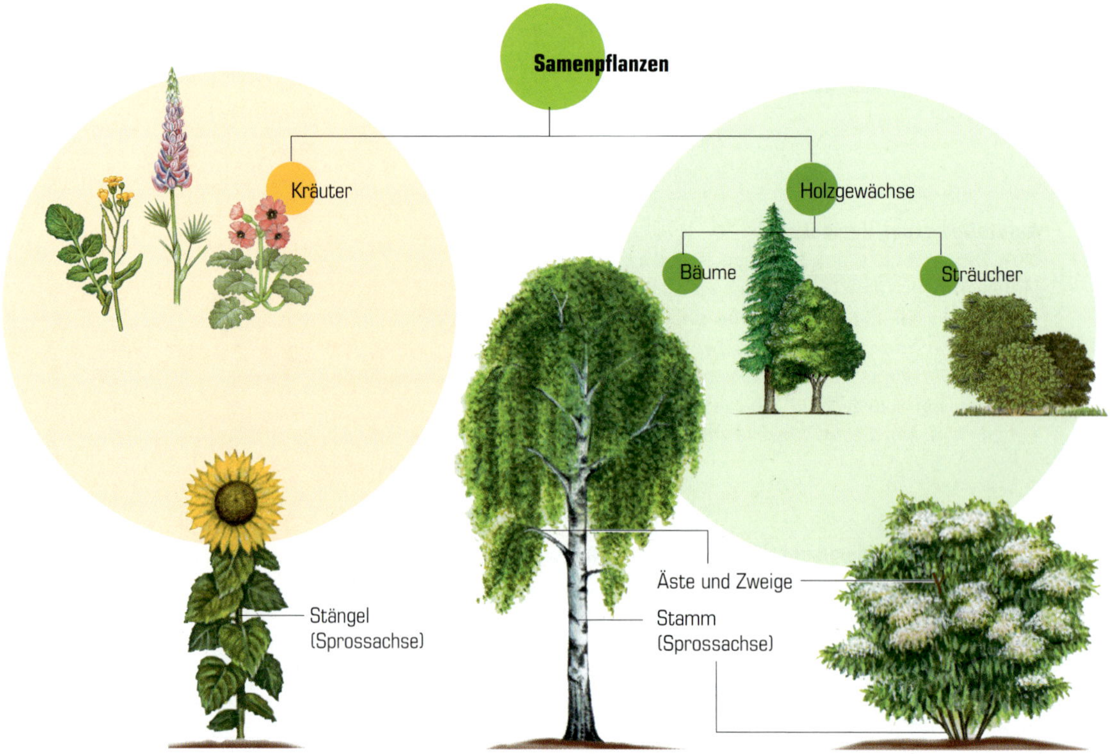


1 ▸ Einteilung der Samenpflanzen nach der Beschaffenheit der Sprossachsen

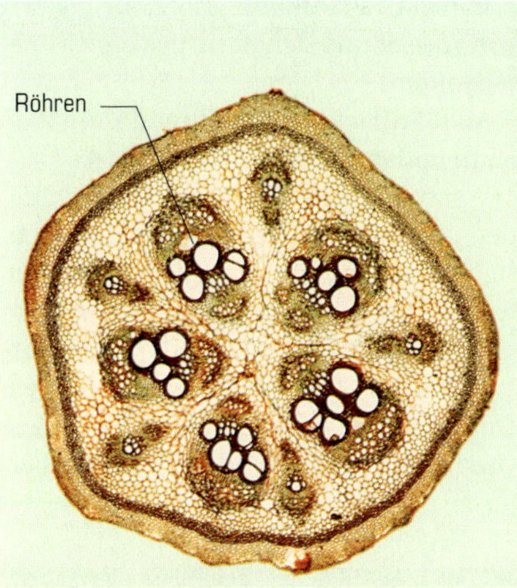


1 ▸ Feine Röhren zur Wasserleitung (Sprossachsenquerschnitt)

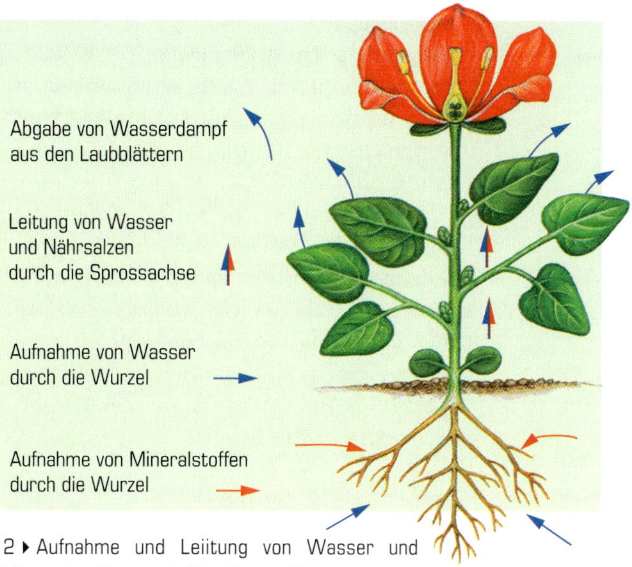


2 ▸ Aufnahme und Leiitung von Wasser und Mineralstoffen sowie Abgabe von Wasser

Eine wichtige Aufgabe der Sprossachse besteht darin, **Stoffe zu leiten.**

Wasser und gelöste Mineralstoffe werden von den Wurzeln zu den Laubblättern transportiert. Umgekehrt gelangen die in den Blättern gebildeten Stoffe über die Sprossachse in alle anderen Pflanzenteile.

Die Stoffleitung erfolgt in feinen Röhren, die man erkennt, wenn man einen Querschnitt einer Sprossachse betrachtet. Mithilfe der Lupe bzw. eines Mikroskops kann man den Querschnitt der Röhren gut erkennen (Abb. 1).

Die **Wasserleitung** in der Sprossachse kann mit einem **einfachen Versuch** nachgewiesen werden (Abb.3).

Dazu stellt man eine Pflanze mit weißen Blüten in ein Gefäß mit angefärbtem Wasser. Nach ca. 5 Stunden kann man beobachten, dass sich die Kronblätter der Pflanze angefärbt haben. Wird dann die Sprossachse der Pflanze durchgeschnitten, erkennt man die ebenfalls angefärbten Gefäße der Röhren.

Die feinen Röhren verzweigen sich in den Laubblättern und durchziehen als Blattadern die gesamte Blattfläche. Dadurch können das Wasser und die Mineralstoffe in alle Teile des Laubblattes geleitet werden (Abb. 2).

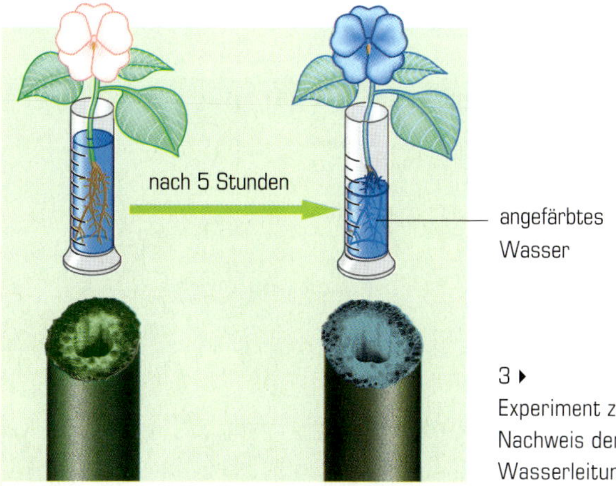


3 ▸ Experiment zum Nachweis der Wasserleitung

**Die Sprossachse leitet Wasser und Mineralstoffe in die Laubblätter sowie umgekehrt die in den Laubblättern gebildeten Stoffe in alle Teile der Pflanze.**

## Das Laubblatt

Obwohl die **Laubblätter** von verschiedenen Samenpflanzen sehr unterschiedlich geformt sind, ist der Aufbau ähnlich. Man unterscheidet *Blattfläche, Blattstiel* und *Blattgrund* (Abb. 1).

Außerdem durchziehen *Blattadern* die gesamte Blattfläche. Bei den meisten Pflanzenarten durchziehen sie diese *netzartig,* z. B. bei der *Gemeinen Haselnuss,* der *Stiel-Eiche* und der *Linde (Abb. 2).*

Bei einigen Pflanzenarten verlaufen sie parallel zueinander, z. B. bei der *Wasser-Schwertlilie* (Abb. 3).

In diesen Blattadern erfolgt die Leitung von Wasser und den darin gelösten Mineralstoffen.

An Blattfläche und Blattrand kann man Samenpflanzen u. a. unterscheiden.

Wenn man ein Blatt quer durchschneidet und mithilfe eines Mikroskops betrachtet, kann man verschiedene Schichten erkennen. Außerdem sieht man kleine Öffnungen, z. B. an der Unterseite Laubblätter. Das sind **Spaltöffnungen**. Durch diese Spaltöffnungen gelangen Gase in die Pflanze und auch wieder heraus.

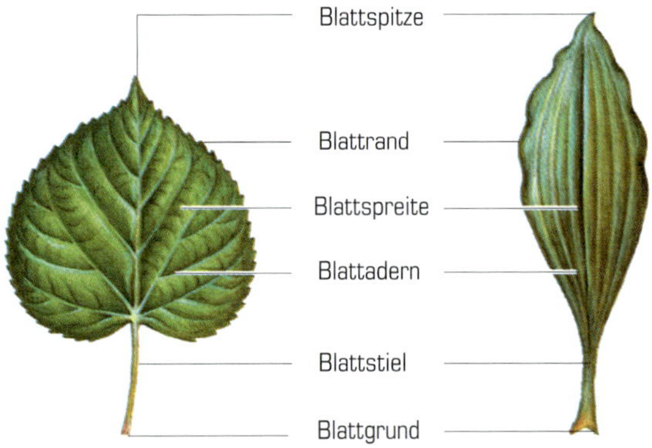


1 ▸ Bau der Laubblätter

Blattadern netzartig angeordnet

Blattadern parallel zueinander angeordnet

3 ▸ Laubblätter mit parallel verlaufenden Blattadern (Wasser-Schwertlilie)

2 ▸ Laubblätter mit netzartig verlaufenden Blattadern (Linde)

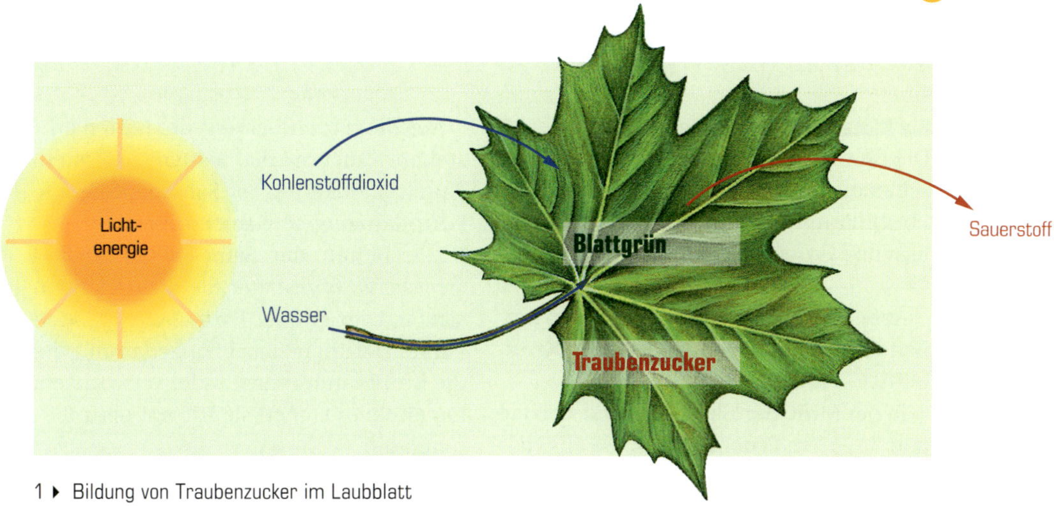


1 ▸ Bildung von Traubenzucker im Laubblatt

Laubblätter dienen sowohl der Leitung und Aufnahme von Stoffen als auch der Abgabe von Stoffen. Bei der Ernährung der Pflanzen spielen sie eine große Rolle.

Samenpflanzen ernähren sich von **Wasser, Kohlenstoffdioxid** und **Mineralstoffen**. Wasser und Mineralstoffe entnehmen die Pflanzen mit den Wurzeln dem Boden.

Das Kohlenstoffdioxid befindet sich in der Luft. Es ist farblos und geruchlos. Mit unseren Sinnesorganen können wir es nicht wahrnehmen. Durch die Spaltöffnungen, die meist an der Unterseite der Laubblätter sind, wandert das Kohlenstoffdioxid aus der Luft in die Laubblätter.

Wasser, Kohlenstoffdioxid und Mineralstoffe gehören zu den **anorganischen Stoffen**. Pflanzen ernähren sich also anders als z. B. die Tiere und der Mensch.

**Wasser, Kohlenstoffdioxid und Mineralstoffe bilden die Ernährungsgrundlage der Samenpflanzen.**

In den Laubblättern baut die Pflanze aus Wasser und Kohlenstoffdioxid einen Stoff auf, den man **Traubenzucker** nennt. Dabei wird in den Laubblättern **Sauerstoff** gebildet.

Der Sauerstoff ist wie Kohlenstoffdioxid ein gasförmiger Stoff. Er gelangt durch die Spaltöffnungen an der Blattunterseite nach außen in die Luft. Der Traubenzucker bleibt in der Pflanze (Abb. 1).

Wissenschaftler haben sich sehr lange Gedanken darüber gemacht, wie Traubenzucker und Sauerstoff in der Samenpflanze gebildet werden.
Durch Beobachtungen und Experimente haben sie schließlich herausgefunden, dass Traubenzucker und Sauerstoff nur im **Licht** und mithilfe des **grünen Blattfarbstoffs** (Chlorophyll) der Laubblätter gebildet werden. Dieser Prozess wird **Fotosynthese** genannt.

Traubenzucker ist die Grundlage für die Bildung anderer Stoffe, z. B. Stärke und Fette. Für die Bildung weiterer Stoffe, z. B. Eiweiß, benötigt die Pflanze außerdem die Mineralstoffe.
Traubenzucker, Stärke, Fette und Eiweiße gehören zu den **organischen Stoffen**.

Durch die Bildung des Traubenzuckers und anderer organischer Stoffe in den Laubblättern wächst die Pflanze.

**Aus Kohlenstoffdioxid und Wasser bilden Laubblätter unter Mitwirkung von Chlorophyll und der Nutzung von Licht Traubenzucker und Sauerstoff.**

# Von der Blüte zur Frucht

## Die Blüte der Samenpflanzen

Die Blüte der Samenpflanzen ist aus verschiedenen Blättern aufgebaut: aus Kelchblättern, Kronblättern, Staubblättern und Fruchtblättern (Abb. 2, S. 141).

Außen ist die Blüte von den meist grünen **Kelchblättern** umgeben. Die **Kronblätter** sind oft auffällig gefärbt.

In der Mitte der Blüte befinden sich ein oder mehrere **Fruchtblätter**, die aus Narbe, Griffel und Fruchtknoten bestehen. An dem langen Staubfaden des **Staubblattes** befindet sich ein Staubbeutel.

Aus den Fruchtblättern der Blüten entstehen Früchte, die Samen enthalten. Durch die Bildung der Samen erfolgt die Fortpflanzung der Samenpflanzen.

Die Blüten der Samenpflanzen sind sehr *vielfältig* gestaltet. Sie unterscheiden sich u.a. in Größe, Form (Abb.1,2) und Farbe. Bei manchen Pflanzenarten sind die Kronblätter miteinander verwachsen, bei anderen stehen sie frei auf dem Blütenboden.

Auch in der **Anzahl** der Kelch-, Kron-, Staub- und Fruchtblätter unterscheiden sich Blüten verschiedener Pflanzenarten.

1 ▸ Formen einiger Blütenstände

2 ▸ Blüte einer Safranpflanze

3

So hat zum Beispiel die Blüte der *Wildrose* fünf, die Blüte des *Saat-Mohns* nur 4 Kronblätter (Abb. 1.).

Unterschiedlich ist auch die **Anzahl der Blüten**, die an einer Sprossachse zu finden sind. Bei manchen Pflanzenarten trägt die Sprossachse nur einzeln stehende Blüten, bei anderen Pflanzenarten stehen mehrere Blüten dicht beieinander. Die Blüten bilden dann einen **Blütenstand,** z. B. Doppeldolde, Köpfchen, Korb, Traube (Abb. 1, S. 140).

Die Anzahl der Blütenteile ist ein wichtiges Merkmal, um die Pflanzen einer Pflanzengruppe, z. B. einer Pflanzenfamilie, zuzuordnen

Beim genauen Betrachten einer Blüte stellt man fest, dass die Blütenblätter meist kreisförmig angeordnet sind. Zerlegt man eine Blüte vorsichtig mit einer Pinzette und fertigt ein **Legebild** an (Abb. 3), kann man das noch besser erkennen. Aus dem Legebild kann man übrigens ein **Blütendiagramm** (Abb. 4, vereinfachte Zeichnung) entwickeln.

1 ▸ Saat-Mohn mit 4 Kronblättern

**Die Blüte vieler Samenpflanzen besteht aus Kelch-, Kron-, Staub- und Fruchtblättern.** (M)

## Experiment • Untersuchung

### Untersuchung einer Blüte und Anfertigen eines Blütendiagramms

*Materialien:*
Pinzette, Lupe, Zeichenpapier, Bleistift, Apfel- oder Kirschblüte

*Durchführung:*
1. Betrachte die Blüte mit einer Lupe und benenne die einzelnen Blütenteile.

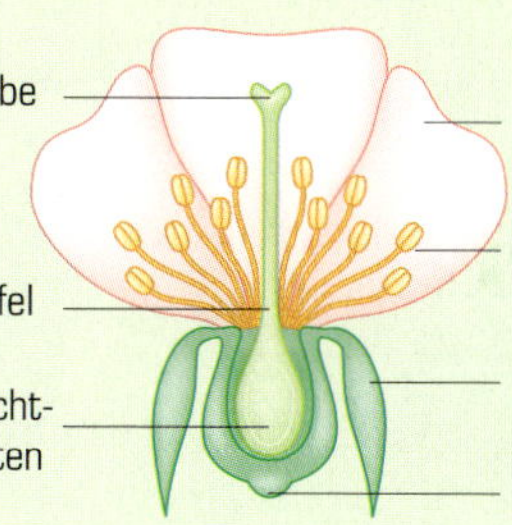


2 Blüte (schematisch)

2. Fertige ein Legebild an.
Mit der Pinzette wird die Blüte vorsichtig in ihre Bestandteile zerlegt. Beginne mit den Kelchblättern. Lege die Blütenblätter entsprechend ihrer Anordnung in der Blüte auf eine Unterlage. So erhältst du ein Legebild.

3 Legebild

3. Entwickle aus dem Legebild ein Blütendiagramm.
Zeichne zunächst 5 ineinander angeordnete Kreise. Dann zeichne die Kelchblätter entsprechend ihrer Anordnung auf den äußeren Kreis. Auf den nach innen folgenden Kreis zeichne nun die Kronblätter. Die Staubblätter werden verteilt auf die nächsten 3 Kreise gezeichnet.
In die Mitte des Blütendiagramms zeichne das Fruchtblatt.

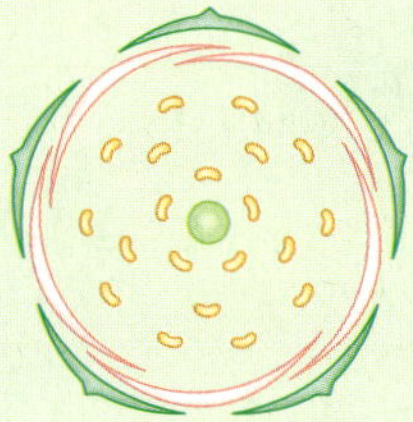

4 Blütendiagramm

## Bestäubung und Befruchtung

Blüten spielen eine wichtige Rolle bei der Fortpflanzung von Pflanzen. Aus der Samenanlage im Fruchtblatt entwickelt sich der Samen. Aus dem Samen kann später eine neue Pflanze entstehen.

Das **Fruchtblatt** ist der weibliche Blütenteil, die **Staubblätter** sind die männlichen Blütenteile (Abb. 1).

Das Fruchtblatt besteht aus der Narbe, dem Griffel und dem Fruchtknoten. Der Fruchtknoten enthält eine oder mehrere *Samenanlagen.* In der Samenanlage befindet sich die *Eizelle.*

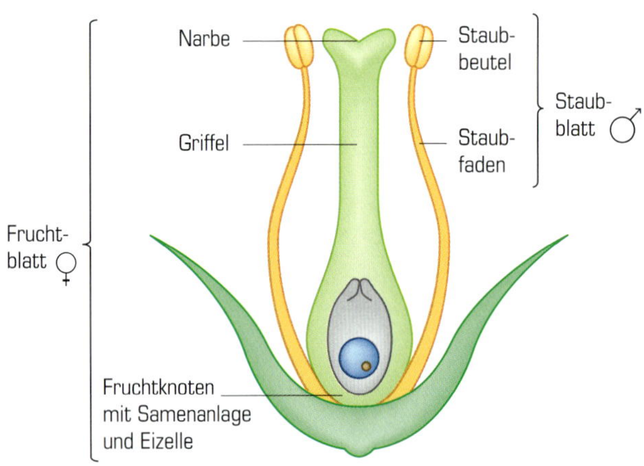


1 ▸ Weibliche und männliche Teile einer Blüte

An dem langen Staubfaden des Staubblattes ist ein Staubbeutel. In ihm entsteht der *Blütenstaub* (Pollen). Im Blütenstaub entwickeln sich Samenzellen.

Im Garten kann man im Frühjahr und Sommer viele Insekten bei ihrer Nahrungssuche beobachten. Bienen (Abb. 2, S. 143), Hummeln oder Schmetterlinge schwirren in den Kirsch- oder Apfelbäumen umher. Sie werden angelockt von dem süßen Duft der Blüten oder auch von den leuchtenden Farben der Kronblätter. Sie fliegen zu einer Blüte, saugen dort den Nektar aus der Blüte. Beim Herumkrabbeln auf dieser Blüte berühren sie auch den Staubbeutel mit dem Pollen. Pollen bleibt an ihrem Körper haften. Beim Besuch der nächsten Blüte bleibt der Pollen dann an der klebrigen Narbe hängen. Diesen Vorgang nennt man **Insektenbestäubung** (Abb. 2).

Insektenbestäubung kommt oft bei auffällig gefärbten oder stark duftenden Blüten vor.

In diesem Fall werden die Narben der Blüten mit Pollen von fremden Blüten bestäubt. Daher spricht man hier auch von *Fremdbestäubung.*

2 ▸ Bestäubung einer Blüte durch Insekten

1 ▸ Blühendes Knäuelgras

2 ▸ Biene auf einer Apfelblüte

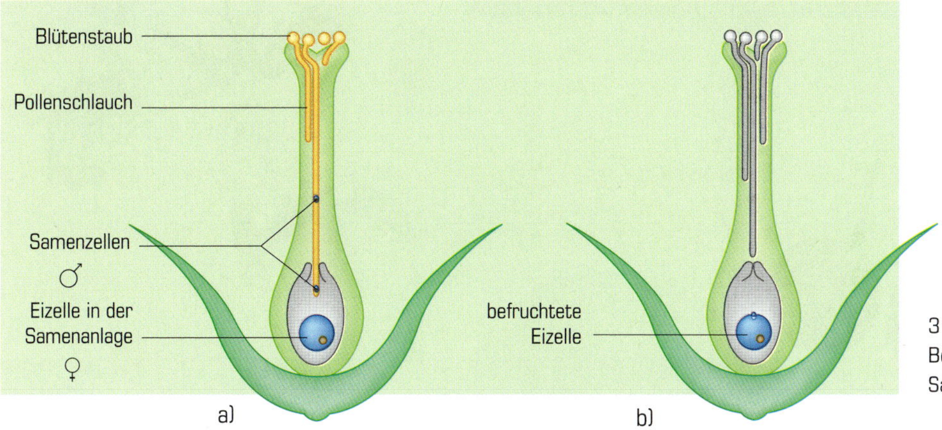


3 ▸ Befruchtung bei Samenpflanzen

Bei Pflanzen mit sehr kleinen, unscheinbaren Blüten erfolgt die Übertragung des Blütenstaubes auf die Narben durch den Wind. Diesen Vorgang nennt man **Windbestäubung.** Windbestäubung kommt z. B. bei allen Gräsern (Abb. 1), der *Weide* und der *Kiefer* vor.

Wenn ein Pollenkorn auf die Narbe gelangt ist, bildet sich ein **Pollenschlauch.** Der Pollenschlauch wächst durch den Griffel hindurch bis in die Samenanlage mit der Eizelle (Abb. 3a).

Im Pollenschlauch bilden sich zwei Samenzellen. Eine Samenzelle verschmilzt mit der Eizelle.

Die Verschmelzung von Eizelle und Samenzelle nennt man die **Befruchtung** (Abb. 3b).

Die Bestäubung und die Befruchtung sind die Voraussetzungen für die Bildung von Samen und Früchten.

M

**Die Übertragung des Blütenstaubes (Pollen) von den Staubblättern auf die Narbe eines Fruchtblattes ist die Bestäubung. Man unterscheidet Insekten- und Windbestäubung.**
**Die Verschmelzung von Samenzelle und Eizelle ist die Befruchtung.**

## Bildung von Früchten und Samen

Nach der Befruchtung vertrocknen die Kelch-, Kron- und Staubblätter. Sie fallen meist ab. Der Fruchtknoten wächst heran, wird dicker und entwickelt sich zur Frucht.

Aus der Samenanlage mit der befruchteten Eizelle entsteht der Samen mit einem Keimling (Abb. 1). Gelangt der Samen in den Boden, kann sich aus dem Keimling eine neue Pflanze entwickeln.

Am Beispiel der *Süß-Kirsche* kann man gut beobachten, wie aus der Blüte eine Frucht mit Samen entsteht (Abb. unten).

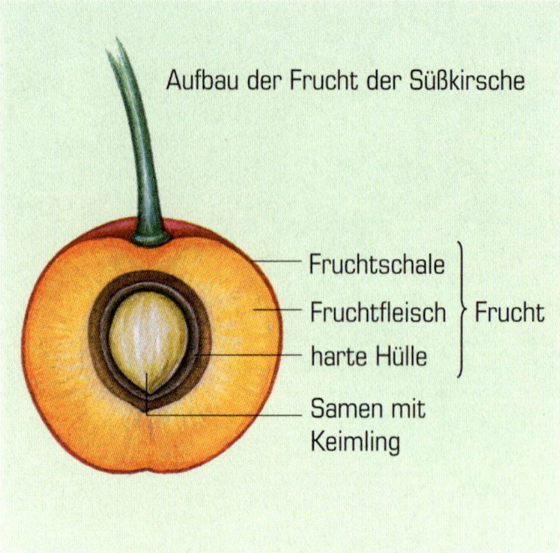


**Aus der Samenanlage mit der befruchteten Eizelle entwickelt sich der Samen, aus dem Fruchtknoten die Frucht.**

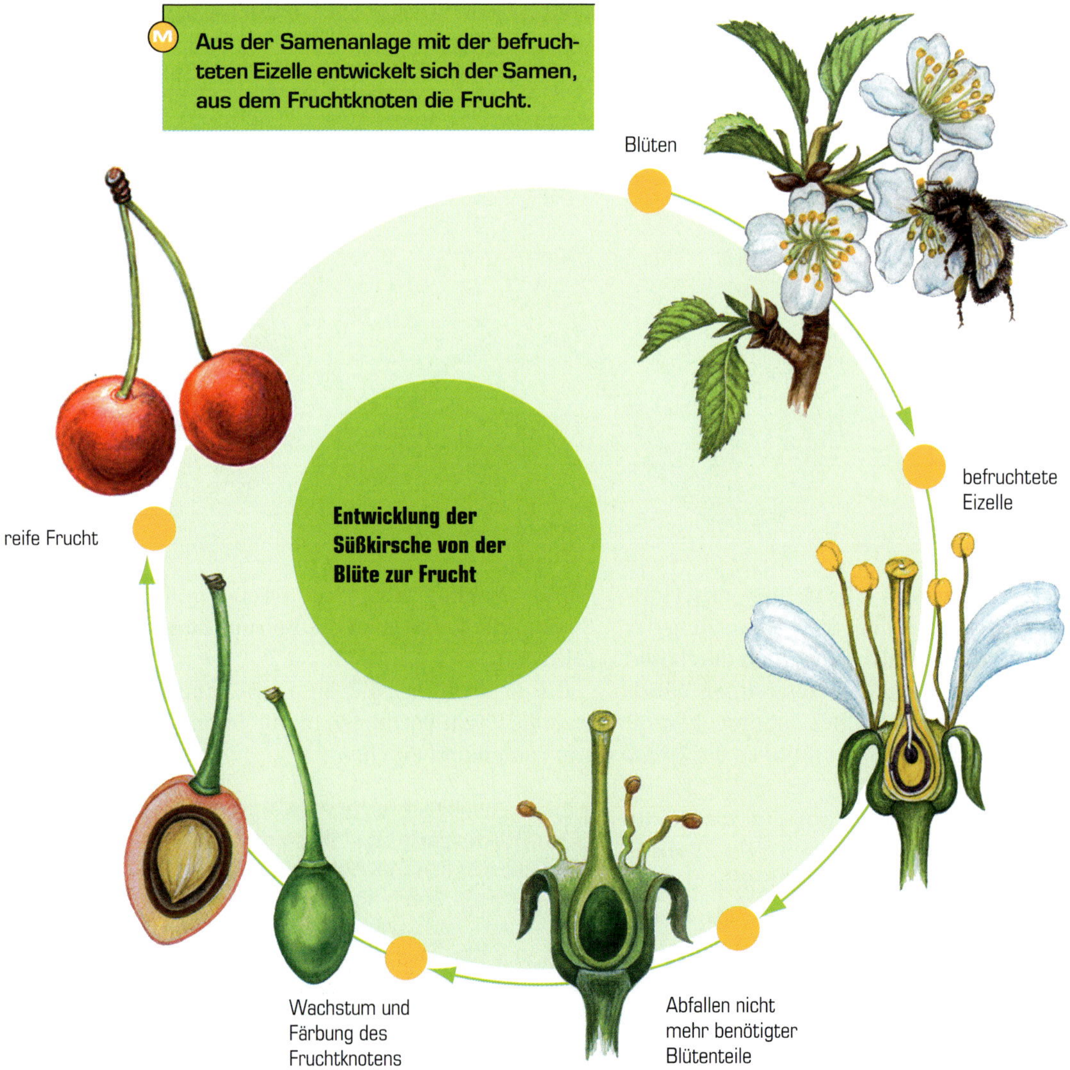

### Bau des Samens

Die Bildung von Samen ist u. a. eine Voraussetzung für die Entwicklung einer neuen Pflanze.

Am Bohnensamen kann man den Bau deutlich erkennen. Außen wird der Samen durch eine **Samenschale** geschützt. Entfernt man diese vorsichtig, kann man die zwei großen **Keimblätter** auseinander klappen.

In den Keimblättern sind die Nährstoffe, z. B. Stärke, für die Ernährung des Keimlings gespeichert.

Mithilfe einer Lupe kann man den **Keimling** erkennen. Er besteht aus dem *Keimspross* und der *Keimwurzel* (Abb. 1).

In den Samen sind Nährstoffe gespeichert. Bei einigen Pflanzenarten sind in den Samen bestimmte Stoffe in größerer Menge enthalten. In den *Bohnensamen* befindet sich z. B. viel Stärke (Abb. 2).

Die *Garten-Erbse* speichert in den Samen außer Stärke besonders viel **Eiweiß.** Die Samen der *Sonnenblume* enthalten viel Fett.

## Experiment • Untersuchung

### 1. Lupenbetrachtung eines Samens

*Materialien:*
Lupe, Messer, Präpariernadel, Wasser, Becherglas, Bohnensamen

*Durchführung:*
Damit du den Samen leichter öffnen kannst, lege ihn einen Tag ins Wasser und lass ihn quellen.
Entferne mit der Präpariernadel vorsichtig die Samenschale und klappe die beiden Keimblätter auseinander.
Betrachte die Keimblätter mit einer Lupe. Zeichne und beschrifte sie.

### 2. Stärkenachweis in Keimblättern

*Materialien:*
Bohnensamen, Iod-Kaliumiodidlösung, Petrischale, Wasser, Präpariernadel, Pipette

*Durchführung:*
Entferne von einem gequollenen Bohnensamen die Samenschale und lege ihn in eine Petrischale.
Gib nun auf den Bohnensamen einige Tropfen Iod-Kaliumiodidlösung.

*Beobachtung:*
Was stellst du fest?

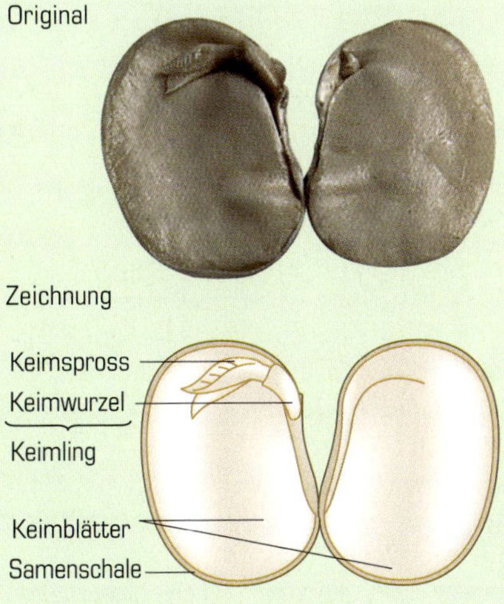


1 ▸ Bau eines Bohnensamens

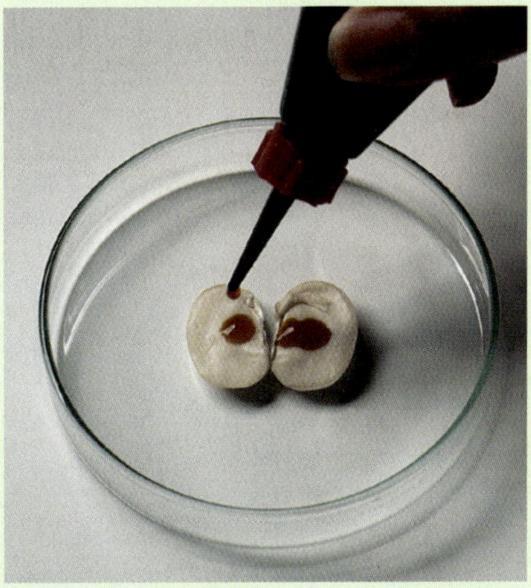

2 ▸ Stärkenachweis

## Methoden

### Wie fertige ich ein Protokoll an?

Wenn du Beobachtungen, Untersuchungen bzw. Experimente durchführst, ist es notwendig, ein **Protokoll** anzufertigen.
In diesem Protokoll wird alles festgehalten, was für die Beobachtung, Untersuchung oder das Experiment wichtig war. Dazu gehören sowohl die Probleme bzw. Fragen, die Geräte und Materialien, aber auch die Beobachtungs- bzw. die Messergebnisse.

Falls es erforderlich ist, solltest du auch die Untersuchungs- bzw. die Experimentieranordnungen, die Bedingungen und Auswertungsergebnisse festhalten. Deine Mitschüler sollen das Experiment nämlich nachvollziehen können. Wenn sie dann zu den gleichen Ergebnissen wie du kommen, ist das Ergebnis deines Experimentes wirklich glaubhaft.
Bei der Anfertigung des Protokolls gehe nach dieser **Schrittfolge** vor.

*Schritt* (1)

#### Name des Protokollanten / Klasse / Datum

Name: Julia Zauberhaft
Klasse: 5a Datum: 31.10.2004

*Schritt* (2)

#### Formulieren der Frage/Aufgabe

An zweiter Stelle wird die Aufgabenstellung oder das Problem, das zu lösen ist, aufgeschrieben.
*Beispiel: Welche Nahrungsmittel enthalten Fett?*

*Schritt* (3)

#### Vorbereiten und Planen der Untersuchung

Notieren der verwendeten Geräte, Materialien und Chemikalien. Darstellen eines Planes, wie die Untersuchung ablaufen soll.

*Geräte und Materialien:* Filterpapier, Bleistift, Kartoffelstück, Rapssamen, Sonnenblumensamen, Wasser

*Entwickeln eines Untersuchungsplans*
Auf dem Filterpapier werden je nach Anzahl der untersuchten Samen Felder mit dem Bleistift gemacht.

*Schritt* (4)

#### Durchführen der Untersuchung und Protokollieren der Beobachtungen

Alles, was man beobachtet, genau aufschreiben.
*Durchführen:* Auf den Feldern wird jeweils ein Samen zerquetscht bzw. Wasser getropft.
Beobachtung:

1 Wassertropfen
2 Kartoffelstücke
3 Zerdrückte Sonnenblumensamen
4 Zerdrückte Rapssamen

nach 10 Minuten →

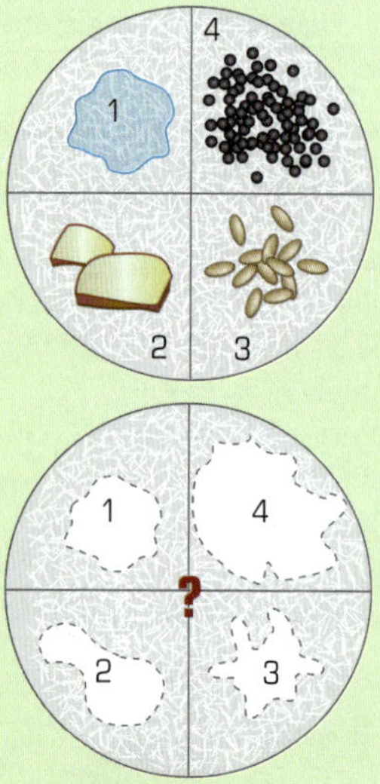


*Schritt* (5)

#### Auswerten der Untersuchung/ Beantworten der Fragestellungen

Alle Daten werden jetzt herangezogen, um die Fragestellung zu beantworten. Dabei ist es oft notwendig, aus den Messwerten Diagramme anzufertigen bzw. damit Berechnungen durchzuführen.

*Auswerten:* Rapssamen und Sonnenblumenkerne enthalten Fett. Sie hinterließen einen Fettfleck.
Wasser und Kartoffelstücke hinterließen keinen Fettfleck.

3

## Teste dich selbst!

1. Wilde Malve und Hasenklee gehören zu den Samenpflanzen.
Begründe diese Aussage.

Wilde Malve

Hasenklee

2. Ordne jeder Gruppe von Samenpflanzen 3 Beispiele zu.

| Kräuter | Bäume | Sträucher |
|---|---|---|
| | | |

3. Betrachte die Wurzeln des Acker-Senfs mit der Lupe.
Beschreibe, welche Teile du erkennen kannst.

4. Betrachte die Blüte einer Malve und einer Garten-Erbse.
   a) Benenne die Blütenbestandteile.
   b) Fertige ein Blütendiagramm von beiden Blüten an.
   c) Nenne Gemeinsamkeiten und Unterschiede.

5. Die Pflanzen nehmen Wasser durch die Wurzeln auf. Überprüfe diese Aussage mit einem Experiment.
Gehe nach der Schrittfolge von S. 135 vor.

6. Eine Hainbuche ist 25 m hoch. Im Stamm der Hainbuche steigt das Wasser in einer Stunde um 1,25 m.
Berechne, wie lange es dauert, bis Wasser von der Wurzel bis in die Laubblätter gelangt ist.

7. Trage die Funktionen der Wurzel, der Sprossachse und der Laubblätter in eine Tabelle ein.

| Wurzel | Sprossachse | Laubblätter |
|---|---|---|
| | | |

8. Definiere die Begriffe Bestäubung und Befruchtung.

9. Betrachte Pollenkörner von verschiedenen Pflanzen (z. B. Kiefer, Eiche, Raps) mit der Lupe.
Fertige Skizzen von diesen Pollenkörnern an.
Nenne die Funktion der Pollenkörner.

10. Nenne Bestäubungsformen und ordne ihnen Beispiele zu.

Kiefer

Wiesensalbei

11. Beschreibe die Bildung einer Frucht am Beispiel der Kirsche.
Nutze die Abbildungen auf Seite 144.
Welche Funktion haben Früchte?

12. Getreidesamen (z. B. Gerstenkörner) enthalten Stärke. Haselnüsse, die Samen der Haselnuss, enthalten auch Fett.
Überprüfe diese Aussagen mithilfe einer Nachweisuntersuchung.
Gehe dabei nach der Anleitung auf S. 145 und S. 146 vor.

## Das Wichtigste auf einen Blick

**Teile der Samenpflanzen**

Alle Pflanzen, die im Verlaufe ihres Lebens Blüten und Samen ausbilden, sind Samenpflanzen. Sie sind meist in Wurzeln und Spross mit Sprossachse, Laubblätter und Blüten gegliedert.
Die Organe der Samenpflanzen sind sehr vielgestaltig.

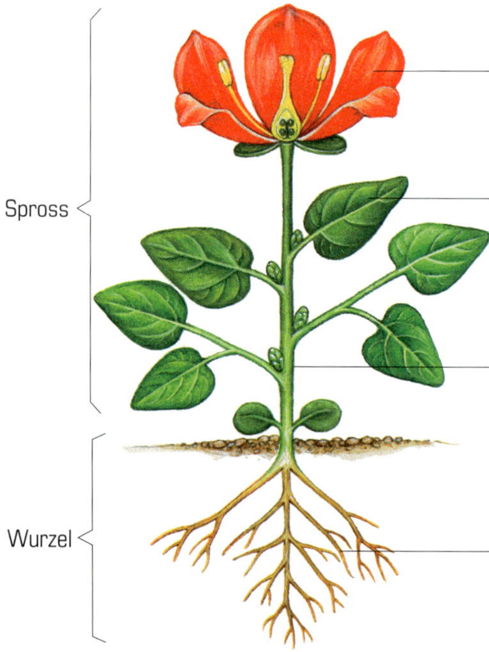


**Aufgaben der Pflanzenorgane**

**Blüte**
- Fortpflanzung der Pflanzen

**Laubblätter**
- Abgabe von Wasserdampf und Sauerstoff
- Bildung von Traubenzucker

**Sprossachse**
- Tragen der Laubblätter, Blüten und Früchte
- Leitung von Wasser und Mineralstoffen

**Wurzel**
- Verankerung im Boden,
- Aufnahme von Wasser und Mineralstoffen

**Fortpflanzung und Entwicklung der Samenpflanzen**

**Bestäubung**
Übertragung des Blütenstaubes von den Staubblättern auf die Narbe eines Fruchtblattes (Insekten- oder Windbestäubung)

**Befruchtung**
Verschmelzung von Samenzelle und Eizelle (geschlechtliche Fortpflanzung)

**Bildung von Samen und Frucht**

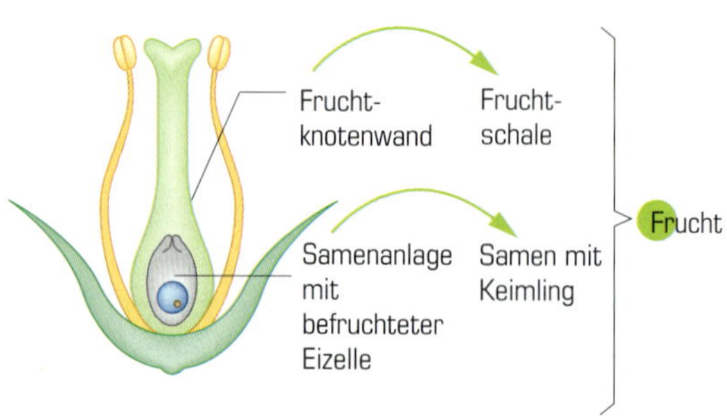

# 3.2 Kreuzblütengewächse – eine Pflanzenfamilie

**Familienbande ▸▸** Samenpflanzen gibt es auf der Erde unendlich viele. Um die Vielfalt überschaubar zu machen, ordnet man Samenpflanzen nach ihren gemeinsamen Merkmalen in Pflanzenfamilien.

**Weit verbreitet ▸▸** Ca. 3 200 Arten von Kreuzblütengwächsen gibt es auf der Erde. Bevorzugt kommen sie in den gemäßigten Breiten der Nordhalbkugel sowie im Mittelmeergebiet vor. Sie besiedeln auch Gebiete, in denen Dauerfrost herrscht, gleichermaßen wie tropische Regionen.

**Von der Zier- bis zur Arzneipflanze ▸▸** Zu den Kreuzblütengewächsen gehören Arzneipflanzen wie Weißer Senf und Schwarzer Senf. Außerdem nutzt der Mensch viele von ihnen als Gemüse, bzw. Salat, z. B. Meerrettich, Gartenkresse, Raps, Chinakohl. Die Gärten zieren viele schöne Kreuzblütengewächse, z. B. Steinkraut und Silberblatt.

## Ordnen von Samenpflanzen

Es gibt eine Fülle verschiedener Samenpflanzen (Abb. 2). Derzeit sind ca. 250 000 Samenpflanzen bekannt. Allen ist **gemeinsam**, dass sie **Blüten** und **Samen** ausbilden.

Die Samen ermöglichen es den Samenpflanzen u. a., auch über längere Zeit z. B. Kälte oder Trockenheit zu überleben.

Die Vielfalt an Samenpflanzen hat sich im Laufe der Zeit herausgebildet. Sie ist nur schwer überschaubar. Deshalb haben die Menschen schon vor Jahrhunderten versucht, die vielen verschiedenen Samenpflanzen zu ordnen.

*Bei Geldmünzen aus verschiedenen Ländern ist es beispielsweise möglich, das Herkunftsland als Merkmal zu verwenden, um sie zu ordnen.*

Um etwas zu ordnen, muss man **Merkmale** finden, die für eine Ordnung genutzt werden können.

Als Merkmal zum Ordnen der Samenpflanzen wurde zunächst deren *Bedeutung für den Menschen* herangezogen. So kam es zu Gruppen wie *Getreidepflanzen, Ölpflanzen, Gemüsepflanzen, Obstpflanzen, Heilpflanzen.*

1 ▸ CARL VON LINNÉ

CARL VON LINNÉ (1707–1778; Abb.1), ein schwedischer Naturforscher, versuchte auf der Grundlage von Baumerkmalen eine Ordnung in die Vielzahl der Lebewesen zu bringen. LINNÉ beobachtete die Natur und beschrieb die Lebewesen. Die von ihm beschriebenen Arten ordnete er nach wichtigen **Merkmalen**, z. B. nach dem Bau der Blüte. Er vergab dabei Namen nach einem festgelegten Schema.

a Kreuzblütengewächse – Wiesen-Schaumkraut
b Süßgräser – Weizen
c Hahnenfußgewächse – Leberblümchen
d Lippenblütengewächse – Basilikum
e Rosengewächse – Apfelbaum
f Korbblütengewächse – Gänseblümchen
g Kieferngewächse – Kiefer

2 ▸ Einige Familien der Samenpflanzen, allein in Deutschland gibt es über 130.

Jedes Lebewesen bekam einen Art- und Gattungsnamen (z. B. Weiße Taubnessel). Diese Bezeichnung der Lebewesen wird bis heute verwendet.

LINNÉ hat selbst über 7 000 Pflanzenarten und über 4 000 Tierarten beschrieben.

Man sagte von LINNÉ: Gott habe die Welt geschaffen, aber LINNÉ habe sie geordnet. Er schuf also eine künstliche Übersicht, um Pflanzen zu ordnen. Man nennt diese Übersicht auch künstliches System.

Heute werden zur Ordnung der Samenpflanzen u. a. die nachfolgenden Merkmale herangezogen (siehe Tabelle). Nach diesen und anderen Merkmalen werden die Samenpflanzen **verglichen**.

Diejenigen, die in bestimmten Merkmalen übereinstimmen, werden im Ergebnis zu Gruppen zusammengefasst. So bilden z. B. alle Samenpflanzen, die bestimmte gemeinsame Merkmale besitzen, eine **Familie** (z. B. **Kreuzblütengewächse,** S. 152).

Die Familie kann dann in die nächstkleinere Gruppe, die **Gattungen,** und die Gattungen schließlich in die kleinste Gruppe, die **Arten,** unterteilt werden.

| **Herangezogene Merkmale zur Ordnung der Samenpflanzen** | **Beispiele** |
|---|---|
| **Bau des Stängels**<br>Der Stängel kann holzig oder krautig sein. Bei krautigen Pflanzen kann er z. B. rund (a), gefurcht (b) oder kantig (c) ausgebildet sein. | 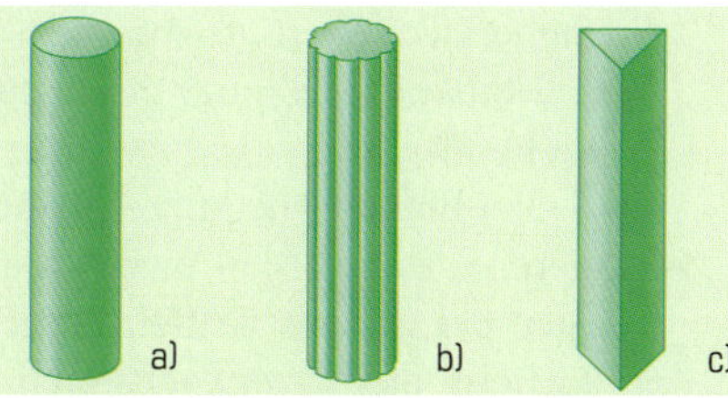  |
| **Stellung der Blätter am Stängel**<br>Sie können z. B. gegenständig (a), wechselständig (b) oder quirlständig (c) angeordnet sein. | 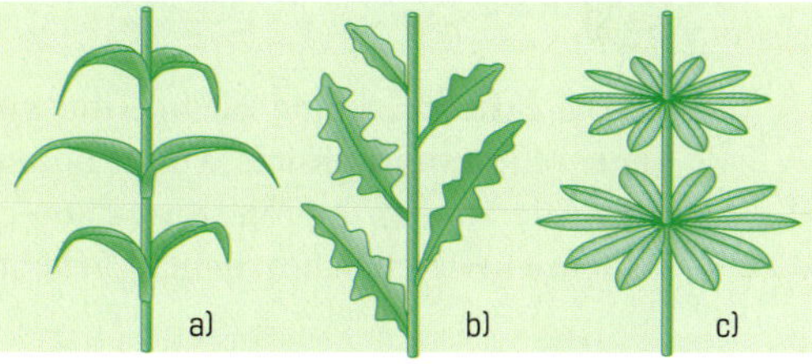  |
| **Gestalt der Blätter**<br>Sie können z. B. pfeilförmig (a), nierenförmig (b) oder eiförmig sein. Die Blätter können einfach oder zusammengesetzt (c) sein. Die Blattränder sind verschieden ausgebildet, z. B. ganzrandig (d), gekerbt (e). | 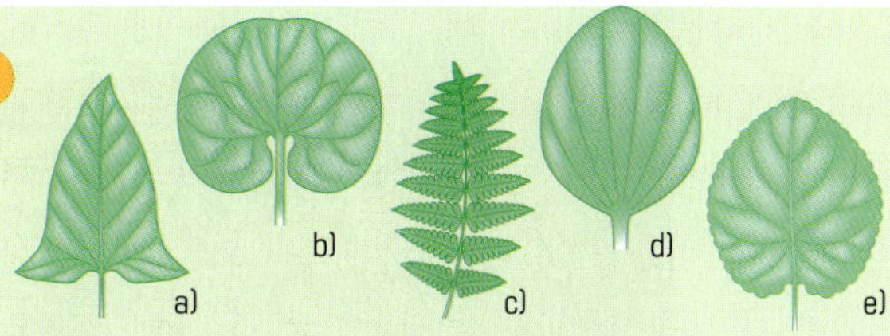  |
| **Bau der Blüte**<br>Die Blüten können einzeln (a) stehen oder in einem Blütenstand (b) vereint sein; ihre Kronblätter können frei (c) oder verwachsen (d) sein; ihre Kronblätter können gleich oder ungleich gestaltet sein; sie können verschieden farbig sein. | 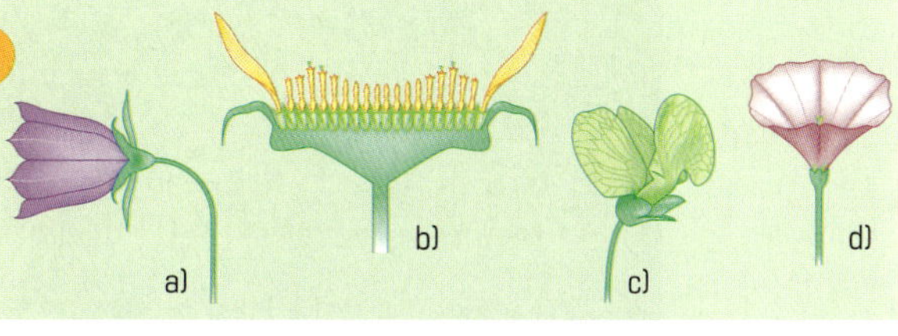  |

## Familie der Kreuzblütengewächse

Der **Raps** ist eine Samenpflanze, die zu den **Kreuzblütengewächsen** gehört. Er wird auf großen Flächen vor allem zur Gewinnung von Speiseöl aus seinen Samen angebaut. Im Frühjahr sind diese Flächen durch die gelben Blüten unübersehbar (Abb. 1).

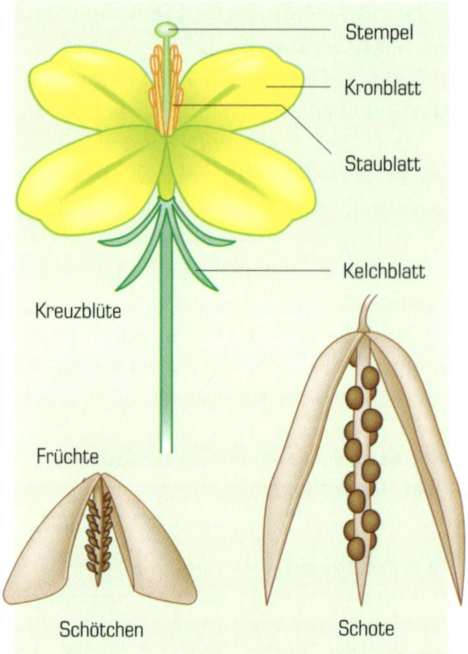


2 ▸ Merkmale der Kreuzblütengewächse

Wenn man z. B. die Blüte einer *Rapspflanze* mit der Blüte der *Weißen Taubnessel* vergleicht, kann man die Merkmale der Kreuzblütengewächse leicht erkennen.

Legebild

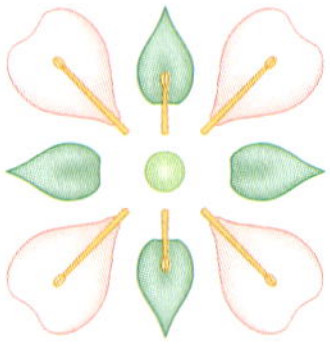

Die **Einzelblüten** beim *Raps* stehen in einer Traube zusammen.
Jede Einzelblüte (Abb. 2) besitzt:

- 4 Kelchblätter, kreuzweise gegenüberstehend;
- 4 Kronblätter kreuzweise gegenüberstehend;
- 6 Staubblätter (2 kürzere und 4 längere);
- Stempel (Narbe, Griffel, Fruchtknoten besteht aus 2 verwachsenen Fruchtblättern).

Blütendiagramm

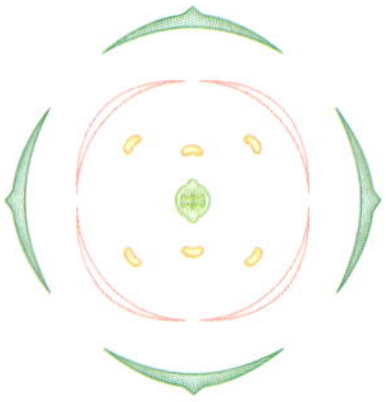

Die **Frucht** ist eine *Schote*, die innen eine Mittelwand besitzt. An ihr befinden sich die Samen. Andere Kreuzblütengewächse besitzen Schötchen als Frucht.

**Kreuzblütengewächse haben Blüten, bei denen sich 4 Kelch- und 4 Kronblätter kreuzweise gegenüberstehen. Sie besitzen 6 Staubblätter: 4 längere und 2 kürzere. Als Früchte bilden sie Schoten oder Schötchen aus.** M

1 ▸ Blühendes Rapsfeld

**Kreuzblütengewächse und ihre Bedeutung**

Zu den Kreuzblütengewächsen gehören u. a. auch die verschiedenen Kohlformen als wichtige Gemüsepflanzen. Sie wurden aus dem *Wildkohl* in langen Zeiträumen gezüchtet.

Dabei hat sich die ursprüngliche Gestalt der Laubblätter, der Sprossachse und des Blütenstandes verändert (Abb.2).

Durch die Zunahme der Anzahl und Zartheit der Laubblätter, die fleischig wurden und sich einrollten, entwickelten sich die Kopfkohle *Rotkohl* und *Weißkohl*.

Durch Verkürzung und Verdickung der Sprossachse entstand der *Kohlrabi*.

Beim *Rosenkohl* wachsen in den Blattachseln Knospen zu Köpfchen, den „Röschen", heran.

Durch Fleischigwerden des Blütenstandes entstand der *Blumenkohl* und der *Brokkoli*.

Beim *Brokkoli* sind im Gegensatz zum *Blumenkohl* die Blütenstände nicht zu einem geschlossenen Kopf zusammengewachsen. Die etwa 4 – 8 cm großen, dunkelgrünen bis bläulichen Blüten sind auf verzweigten Stielen angeordnet.

Ursprünglich stammt Brokkoli aus Kleinasien oder dem Nahen Osten. Heute ist er jedoch vor allem in Italien ein wichtiger Bestandteil der landestypischen Küche geworden.

Gemüsekohl enthält sehr viel Eiweiß und Vitamin C und ist deshalb wichtiger Bestandteil der gesunden Ernährung.

1 ▸ Meerrettich

Wichtige Gewürz- und Gemüsepflanzen sind auch der *Meerrettich* (Abb. 1) und das *Radieschen*.

Viele Wildkräuter sind ebenfalls Kreuzblütengewächse. Auf Äckern und Schuttplätzen findet man den *Hederich* und den *Ackersenf*. Überall, z. B. auch zwischen Pflasterritzen, ist das *Gemeine Hirtentäschel* zu finden.

Auf Wiesen fallen im Frühjahr die rosafarbenen Blüten des *Wiesen-Schaumkrautes* auf.

Auch unter den Zierpflanzen gibt es Kreuzblütengewächse, z. B. die *Levkoje* und den *Goldlack*.

2 ▸ Verschiedene Kohlsorten, die alle aus dem Wildkohl gezüchtet wurden.

## Biodiesel – Treibstoff aus Raps

Ein Leben ohne Auto kann sich in Deutschland kaum jemand mehr vorstellen. Im Durchschnitt besitzt jeder Haushalt mehr als 1 Auto. Und alle diese Autos benötigen zum Fahren Treibstoff, Benzin oder Diesel!

Benzin und Diesel werden normalerweise aus Erdöl hergestellt. Erdöl ist ein Rohstoff, der nicht überall und noch dazu nur begrenzt vorkommt. Erdölvorkommen findet man z.B. im Mittleren Osten, Russland und China.

Das bedeutet, dass irgendwann einmal alle Vorräte erschöpft sind. Deshalb muss man schon jetzt nach anderen Alternativen suchen – oder alle Autos bleiben stehen!

*Rapsöl hatte bis in die 70er Jahre einen schlechten Ruf und wurde deshalb nur in der Technik eingesetzt.*

**Alternative:** Eine mögliche Alternative hat man in den „nachwachsenden Kraftstoffen" gefunden, z.B. in Pflanzenöl. Raps und Sonnenblumen sind z.B. wichtige Ölpflanzen und sie wachsen auch bei uns in Deutschland. Deshalb hat man sich entschlossen, aus den Samen dieser Pflanzen **Biodiesel** herzustellen.

Diese Idee hatte schon Rudolf Diesel, der Erfinder des Diesel-Motors, Anfang des 20. Jahrhunderts.

**Verwendung:** Es gibt zwei Möglichkeiten, Pflanzenöl als Dieselöl zu verwenden. Entweder baut man einen Motor, der das rohe Pflanzenöl ohne Probleme verarbeiten kann, oder man bearbeitet das Pflanzenöl, dass es dem Motor nicht schadet. Erst dann, wenn man das Pflanzenöl weiterverarbeitet und dem Motor anpasst, spricht man von **Biodiesel**.

Nachdem die Auto- und Motorenindustrie alle Vor- und Nachteile beim Einsatz von Pflanzenölkraftstoffen abgewogen hat, entschied man sich in den Industrieländern für **Biodiesel aus Raps.** Dazu muss das rohe Rapsöl bearbeitet werden.

**Herstellung des Biodiesels:** Nach der Ernte (Abb. 1) wird aus den Rapssamen in sog. Ölmühlen Rapsöl gewonnen. Danach werden in einer speziellen Anlage bei Temperaturen von 60 bis 70 °C bestimmte Stoffe zugegeben, und der Biodiesel ist fertig.

**Vorteile:** Der Biodiesel (Abb. 2) weist bessere Abgaswerte als herkömmliche Benzin-Motoren auf. Die Umwelt wird daher weitaus weniger mit Rußteilchen verschmutzt. Sollte Biodiesel ungewollt in das Erdreich gelangen, können ihn Mikroorganismen innerhalb von 21 Tagen nahezu vollständig abbauen.

1 ▸ Ernte der reifen Rapssamen

2 ▸ Biodiesel-Tankstelle in Leipzig

**Methoden**

### Wie erkenne ich Samenpflanzen am Erscheinungsbild?

„Die *Echte Kamille* (Abb. 1) gehört zu den Korbblütengewächsen, auch das *Gänseblümchen* dort!“, sagt die Lehrerin auf einer Exkursion.
Wonach hat sie diese beiden Pflanzen sofort ihrer Pflanzenfamilie zuordnen können?
Samenpflanzen besitzen, wie alle Lebewesen, für sie **typische äußere Merkmale**.
An diesen auffälligen äußeren Merkmalen, man sagt auch **äußeres Erscheinungsbild**, kann man Samenpflanzen erkennen und sie bestimmten Pflanzengruppen (z.B. Arten, Gattungen, Familien) zuordnen. Denn nur Samenpflanzen mit ähnlichen Merkmalen werden einer Pflanzengruppe zugeordnet.
Es gibt aber auch Merkmale, die nicht so auffällig sind. Aber wenn sie für die Zuordnung typisch sind, kann man Samenpflanzen auch mithilfe dieser Merkmale erkennen.
Solche nicht so auffälligen, aber für das Erkennen wichtigen Merkmale sind z. B. die unterschiedlichen Blattformen der *Echten Kamille* und der *Acker-Hundskamille* (Abb.).
Auch bei dieser Tätigkeit solltest du **schrittweise vorgehen**

1 ▸ Echte Kamille

2 ▸ Acker-Hundskamille

**Aufgabe**

Erkenne die blühende Samenpflanze am Erscheinungsbild.

*Schritt* 1

### Erfassen der für das Erkennen der Samenpflanze entscheidenden Merkmale

- Samenpflanze mit duftender Blüte
- Blüte gleicht einem Korb
- außen gelbe Blütenblätter, Korb innen gelb gefärbt

*Schritt* 2

### Erkennen von Merkmalen durch Vergleich mit weiteren Vertretern

Wenn man die zu erkennenden Samenpflanzen mit anderen ähnlich aussehenden Samenpflanzen vergleicht, z.B. mit der *Sonnenblume* oder der *Echten Kamille* stellt man Ähnlichkeiten fest:

- die Blüte sieht bei allen aus wie ein Korb;
- außen sind größere Blüten,
- innen kleine unscheinbare Blüten;
- die inneren Blüten sehen anders aus als die äußeren;
- die Farbe der Blüten ist unterschiedlich;
- die Blätter und die Sprossachsen sind unterschiedlich geformt.

*Schritt* 3

### Benennen der erkannten Samenpflanze

Nach dem Erfassen der äußeren Merkmale wird im Vergleich, z.B. mit Abbildungen, die auch den **Namen** ausweisen, die Samenpflanze als **Gemeine Kuhblume** erkannt.
Sie besitzt die typischen Merkmale der Korbblütengewächse, z. B. Blüte als Korb, bestehend aus vielen Einzelblüten, die unterschiedlich gebaut sind, Zungen- und Röhrenblüten. Zungenblüten sind gelb und die Röhrenblüten ebenfalls.

## Teste dich selbst!

1. CARL VON LINNÉ versuchte Ordnung in die Vielfalt der Lebewesen zu bringen.
Bereite einen Vortrag über LINNÉ und seine wissenschaftlichen Leistungen mithilfe des Internets vor. Nutze dazu auch im Netz: www.schuelerduden.de, Suchwort: LINNÉ.

2. Pflanzen kann man ordnen. Beschreibe, welche Merkmale man dazu heranzieht.

3. Besuche einen Gemüse- und Obstmarkt!
   a) Welches einheimische Gemüse bieten die Händler an?
   b) Ermittle, welches Gemüse zur Familie der Kreuzblütengewächse gehört.

4. Ökologischer Landbau ist das „Zauberwort" beim Anbau von Kulturpflanzen.
Erläutere, was man unter ökologischem Landbau versteht.

5. a) Zerlege die Blüte des Acker-Senfs. Ordne die Blütenteile auf einer Unterlage entsprechend ihrer Anordnung in der Blüte an! Klebe die Blütenteile auf.
   b) Zu welcher Pflanzenfamilie gehört der Acker-Senfs?
   Begründe.

6. a) An welchen Merkmalen erkennst du, dass eine Pflanzenart zu den Kreuzblütengewächsen gehört?
   b) Nenne drei Kreuzblütengewächse.

7. Die Früchte der Kreuzblütengewächse enthalten häufig Inhaltsstoffe, die der Mensch nutzt.
   a) Wie heißen die Früchte der Kreuzblütengewächse und um welche Inhaltsstoffe handelt es sich hierbei?
   b) Welche Inhaltsstoffe sind bei Kreuzblütengewächsen verbreitet?
   c) Informiere dich, wozu der Mensch diese Inhaltsstoffe nutzt.

8. Blühende Rapsfelder im Frühjahr werden als Bienenweide bezeichnet. Imker transportieren ihre Bienenstöcke in dieser Zeit häufig in die Nähe der Rapsfelder. Aus den Samen des Rapses wird Öl gewonnen.
   a) Begründe, warum Rapsfelder als Bienenweide bezeichnet werden.
   b) Welche Auswirkungen hat „Bienenmangel" auf den Ertrag des Rapses. Begründe deine Antwort.

9. Biodiesel wird jetzt schon an vielen Tankstellen angeboten.
Stelle Vor- und Nachteile von Biodiesel und herkömmlichem Treibstoff gegenüber.

## Das Wichtigste auf einen Blick

### Ordnung in der Vielfalt der Samenpflanzen

Samenpflanzen kommen in sehr großer Anzahl auf der Erde vor, und sie sind sehr vielgestaltig. Sie unterscheiden sich z. B. in der Größe und in der Lebenszeit. Die große Anzahl von Samenpflanzen haben Wissenschaftler in **Pflanzenfamilien** (Pflanzen mit übereinstimmenden charakteristischen Merkmalen) geordnet. Pflanzen einer Familie sind miteinander verwandt.

**Merkmale,** die zum Ordnen herangezogen werden, sind unter anderem:

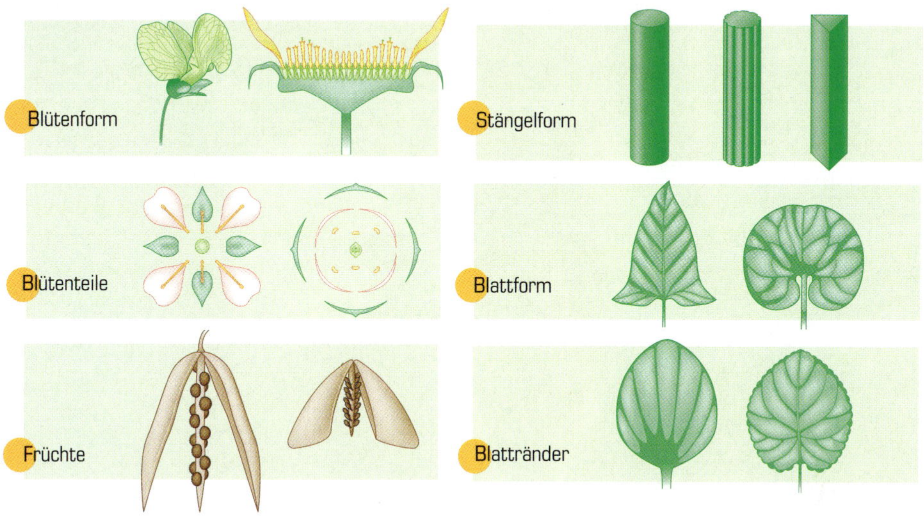


### Merkmale der Keuzblütengewächse:

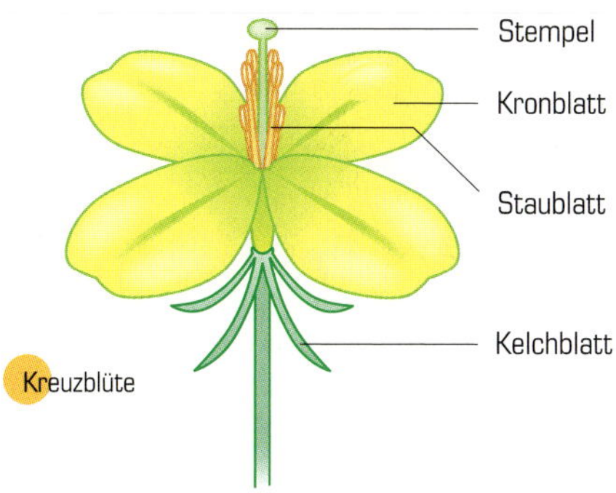


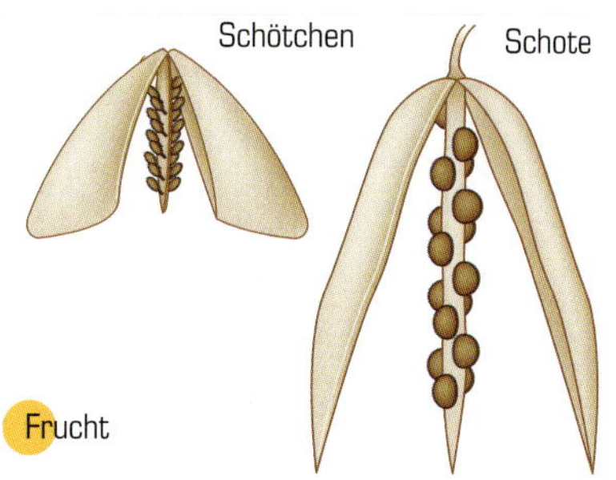


**Vertreter:** *Kohl, Rettich, Hederich, Raps, Senf, Acker-Senf, Hirtentäschel, Hellerkraut, Kresse, Goldlack, Schaumkraut, Meerrettich, Knoblauchsrauke*

Die Samenpflanzen brauchen unseren Schutz. Viele Samenpflanzen sind durch Zerstörung ihrer Lebensräume (z. B. Baumaßnahmen) bzw. ihrer Lebensbedingungen (z. B. Überdüngung, Einleitung ungereinigter Abwässer) bedroht.

Der wichtigste Schutz ist der Erhalt ihrer Standorte.

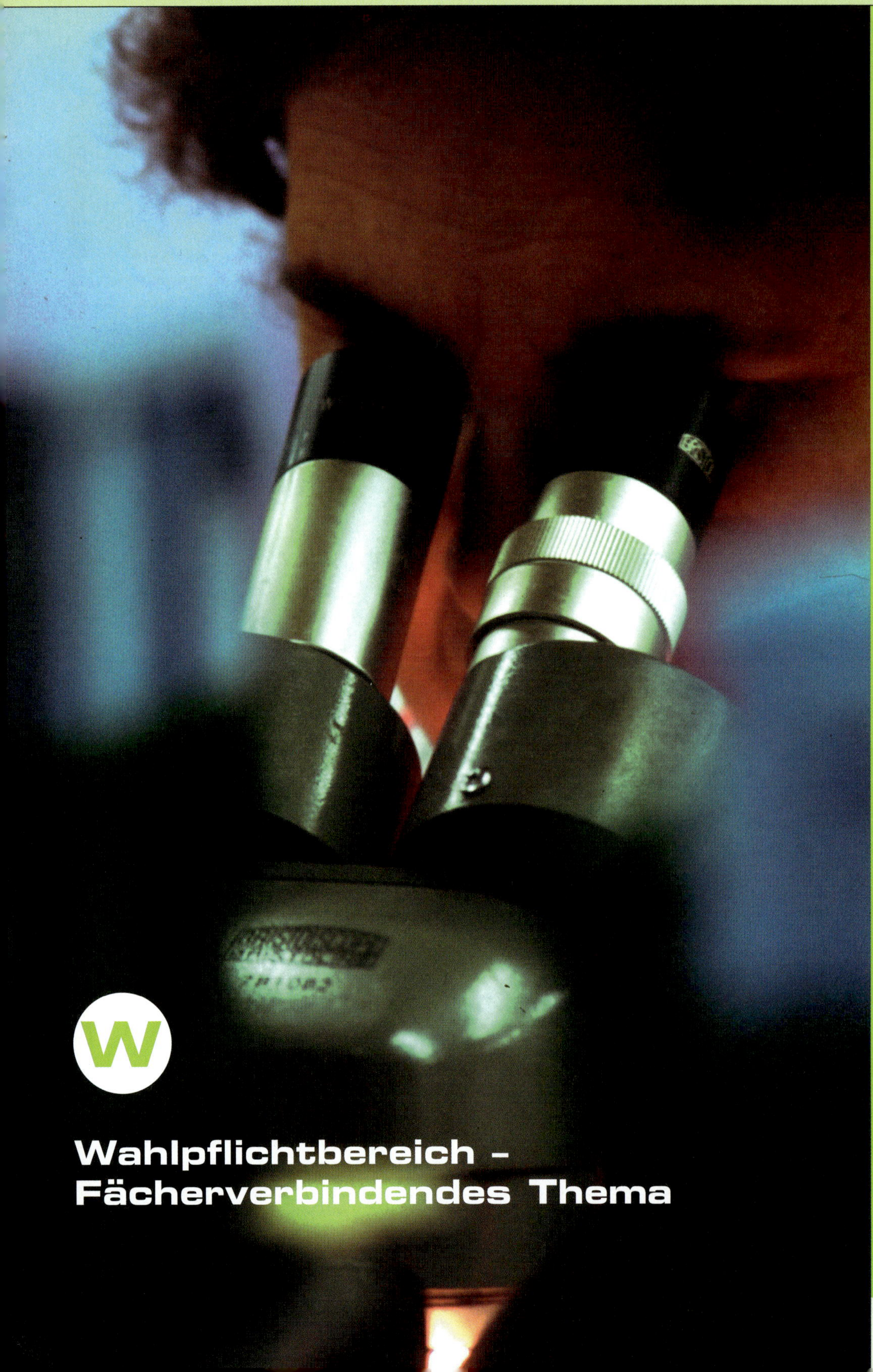

# Wahlpflichtbereich – Fächerverbindendes Thema

## Hinweise für die Arbeit

Bei der Bearbeitung eines Themas in Form eines Projektes geht es darum, dass ihr ein Thema weitgehend selbstständig bearbeitet. Konkret heißt das:

- Ideen zum Thema zu entwickeln,
- Aufgaben zu stellen, die in Gruppen möglichst selbstständig bearbeitet werden können;
- das Thema von unterschiedlichen Seiten zu betrachten.

Damit das Projekt auch ein Erfolg wird, geht man am besten schrittweise vor.

*Schritt* ①

**Ideenmarkt**

Alles was zum Thema passt, wird „auf den Tisch gepackt“. Aus der Fülle der Ideen werden die bearbeitbaren Themenbereiche ausgewählt und der jeweiligen Gruppe zugeteilt.

*Schritt* ②

**Arbeitsplan**

Jede Gruppe stellt für sich einen Arbeitsplan auf. Dieser Arbeitsplan sollte folgende Punkte unbedingt enthalten:

- Welche Fragen sollen in der Gruppe zum ausgewählten Themenbereich beantwortet werden?
- Welche Materialien/Medien sollen genutzt werden?
- Welche Methoden sollen bei der Informationsbeschaffung angewendet werden?
- Welche Experimente möchte die Gruppe durchführen?
- Wer ist für welchen Bereich bzw. für welche Frage zuständig?
- Welcher zeitliche Rahmen steht zur Verfügung?
- Wie sollen die Ergebnisse dargestellt werden?

*Schritt* ③

**Arbeit am Projekt**

Wenn Fragen bei der Arbeit auftreten, kann man sich an den Lehrer wenden.

*Schritt* ④

**Ergebnispräsentation vor den Mitschülern**

Hierbei muss man beachten, dass sich die Mitschüler mit anderen Fragestellungen beschäftigt haben.

Deshalb muss die Darstellung in kurzer und logischer Form erfolgen. Nur so können die anderen Mitschüler die Versuche und Ergebnisse verstehen und die gewonnenen Erkenntnisse nachvollziehen.

*Schritt* ⑤

**Ergebnispräsentation im Schulhaus**

Zum Abschluss des Projekts kann z. B. eine Wandzeitung angefertigt werden. Die anderen Schüler können dann sehen, womit sich die Klasse beschäftigt hat und zu welchen Ergebnissen sie gekommen ist.

**Projektstruktur**

**Projektidee:**
z. B. Wirbeltiere im Winter

**Projektplan:**
z. B. Recherchieren, wie und wo Wirbeltiere den Winter überstehen

**Projektdurchführung:**
z. B. Gespräche im Zoo oder Tierpark, Beobachtungen im Wald, Arbeit mit Nachschlagwerken, Surfen im Internet

**Projektpräsentation:**
z. B. Anfertigen einer Anschauungstafel für den Bioraum, Vorträge, PowerPoint-Präsentation

## Projekt

### Wirbeltiere im Winter

Temperaturen beeinflussen die Aktivität und das Verhalten der Tiere. Um in der kalten Jahreszeit zu überleben, haben sich viele Tiere durch bestimmte Verhaltensweisen an diese Zeit angepasst. Dazu gehören z. B. Winterruhe, Winterschlaf, Kältestarre oder auch der Vogelzug.

Der **Winterschlaf** z. B. ist eine „tolle Erfindung“ einiger Tiere, um dem kalten Wetter und der damit verbundenen Nahrungsknappheit zu entgehen. Anstatt einfach abzuwandern, wie es die Zugvögel machen, Futterlager anzulegen oder sich ein dickes Fell anzulegen, verschlafen diese Tiere die kalte Jahreszeit einfach. Dabei setzen sie alle Lebensfunktionen auf „Sparflamme“.

1. a) Erklärt die Begriffe Winterruhe, Winterschlaf und Kältestarre. Geht dabei besonders auf die Unterschiede ein.
   b) Nennt jeweils ein Tier, das Winterruhe oder Winterschlaf hält bzw. das in Kältestarre fällt.
   c) Inwiefern gelingt es den Tieren durch diese Verhaltensweisen, die kalte Jahreszeit zu überstehen?

| Datum | Art | Wo gesehen? |
|---|---|---|
| | | |

2. Steckt ein Gebiet von ca. 100 x 100 m ab.
   a) Erfasst alle dort beobachteten Wirbeltiere (z. B. Lurche, Säugetiere). Legt eine Tabelle nach nebenstehendem Muster an.
   b) Geht in größeren Abständen (Herbst, Winteranfang, Winter, Frühjahr) in dieses Gebiet und beobachtet die Tiere. Erfasst die Beobachtungen wiederum in der Tabelle.
   c) Wertet die Ergebnisse aus, stellt sie grafisch dar und zieht Schlussfolgerungen über das Verhalten der Tiere.

Viele Vögel verlassen in der kalten Jahreszeit ihre Brutgebiete. Im Herbst kann man beobachten, wie sie sich sammeln und als Schwarm davonziehen. Andere Vögel, z. B. die Krähen, die man während des Sommers nur als Paare in unserem Gebiet gesehen hat, ziehen in großen Schwärmen vorbei. Einige Vögel legen bei ihren Wanderungen riesige Entfernungen zurück, teilweise bis nach Afrika. Andere wiederum ziehen in andere, etwas wärmere Gegenden Europas.

4. Je nach der Entfernung, die Vögel von ihrem Brutgebiet wegfliegen oder nicht, unterscheidet man Zugvögel, Teilzieher, Strichvögel und Standvögel.
   a) Bereitet einen Vortrag über die Vogelwanderungen vor und erläutert an Beispielen die Begriffe Zugvögel, Teilzieher, Strichvögel und Standvögel. Nutzt zur Vorbereitung der Vorträge Nachschlagwerke und das Internet.
   b) Erläutert, welche Aufgaben Vogelschutzwarten haben.

5. Erfasst die im Umfeld eures Heimatortes lebenden Vögel. Beobachtet und vergleicht ihr Verhalten im Sommer und im Herbst.

W

Projekt

**Kriechtiere vergangener Zeiten**

In den Erdzeitaltern Jura und Trias, vor etwa 225 Millionen Jahren, waren Kriechtiere auf der Erde weit verbreitet. Es gab sie in allen Lebensräumen – im Wasser, auf dem Lande und in der Luft –, in kleinen und auch besonders großen Formen.
Die Kriechtiere des Erdmittelalters werden Saurier genannt (s.S. 54 f.).

1. Woher weiß man heute so genau, dass Saurier gelebt haben?

2. Stellt in einer Übersicht zusammen, in welchen Erdteilen und Ländern man Saurierskelette gefunden hat.

3. Erstellt Steckbriefe von je einer Art der Flug-, Land- und Fischsaurier. Nutzt dazu Nachschlagwerke und das Internet.

Versteinerte Fußspuren geben darüber Aufschluss, dass die meisten der Pflanzen fressenden und auch einige der kleineren Fleisch fressenden Saurier in Herden lebten. Die großen Raubsaurier waren vermutlich eher Einzelgänger. Völlig typisch für die Kriechtiere legten auch die Dinosaurier zur Fortpflanzung ihre Eier ab. Man geht davon aus, dass einige Arten ihre Gelege auch bewacht haben und nach dem Schlüpfen die kleinen Saurier betreuten.

4. Tragt alle Merkmale zusammen, die belegen, dass Saurier zur Klasse der Kriechtiere gehörten.

Die Saurier waren über einen Zeitraum von 150 Millionen Jahren die beherrschenden Landwirbeltiere. Warum sie vor etwa 65 Millionen Jahren, also zum Ende der Kreidezeit, ausgestorben sind, ist bis heute nicht geklärt.

5. Bereitet einen Vortrag über mögliche Ursachen des plötzlichen Aussterbens der Saurier vor. Nutzt dazu Nachschlagwerke bzw. das Internet.

6. Saurier werden seit langer Zeit vermarktet.
Geht in einen Supermarkt und schreibt alle Produkte auf, die mit Sauriern im Zusammenhang stehen.

# Fächerverbindendes Thema

**Verpackung und Umwelt**

Das Wetter ist toll, die Sonne scheint, die Temperatur ist angenehm und wir wollen nur eins: raus aus der Wohnung und Fahrrad fahren. Bei Regen hat man dagegen gar keine Lust, nach draußen zu gehen. Das Wetter beeinflusst uns also ziemlich stark.
Ähnlich verhält es sich mit vielen anderen Dingen: Streit mit den Freunden, schlechte Noten, Hunger, nichts zu trinken, Krankheit, ...
Alles das, was auf uns Menschen einwirkt und uns in irgendeiner Form beeinflusst, bezeichnet man als **Umwelt.** Es sind die unterschiedlichsten Dinge, die uns von außen beeinflussen. Wir unterscheiden deshalb Einflüsse aus der lebenden Natur und aus der nicht lebenden Natur.

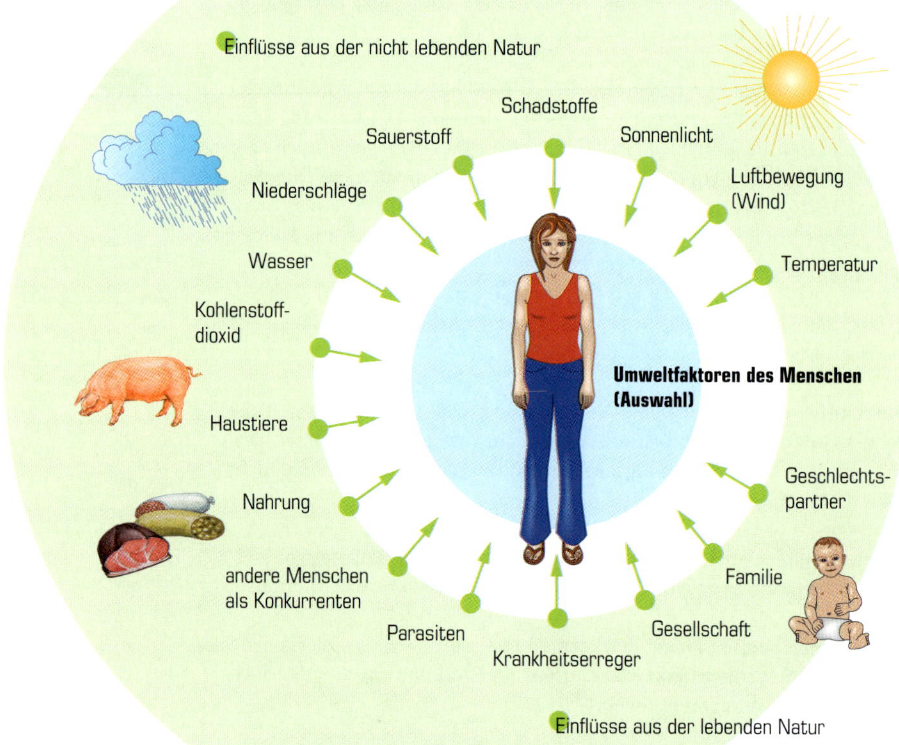


1. Sucht aus der Abbildung alle die Faktoren heraus, die zur lebenden Natur und die zur nicht lebenden Natur gehören. Legt dazu eine Tabelle an.

Aber auch auf Tiere und Pflanzen wirken Einflüsse aus der lebenden und nicht lebenden Natur. Großen Einfluss auf diese Lebewesen haben u. a. Feuchtigkeit, Nahrung, Licht, aber auch die Tätigkeit des Menschen und Produkte des Menschen.

W

## Fächerverbindendes Thema

2. Der Mensch gehört zur lebenden Natur.
   Erläutert an Beispielen, inwiefern der Mensch Einfluss z. B. auf das Leben einer Kohlmeise hat.

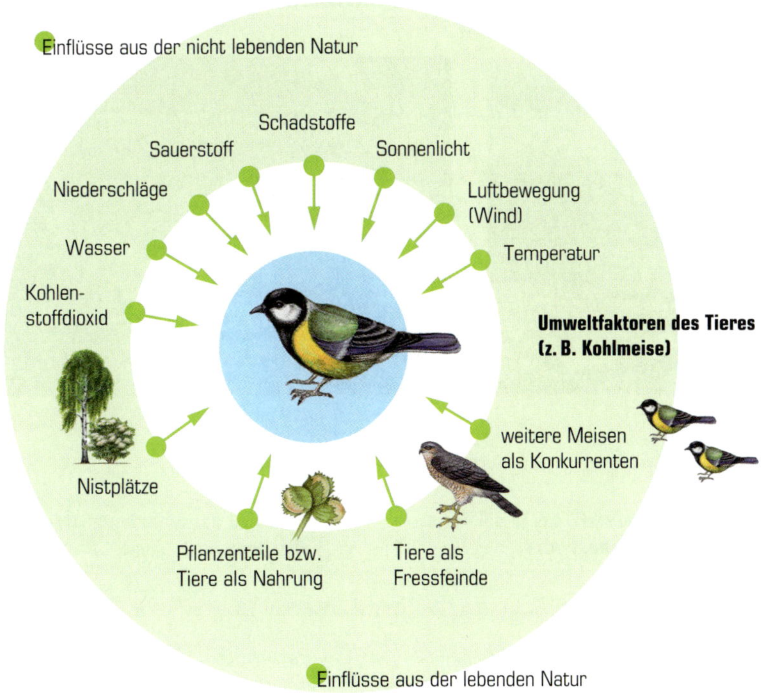


Tiere und Pflanzen sind an ihre Lebensräume gut angepasst. Der Biber benötigt z. B. ruhige oder träge fließende Wasserläufe mit dichtem Bewuchs von Pflanzen. Die Rinden von Pappeln, Erlen oder Birken dienen ihm u. a. als Nahrung.

Fische legen ihre Eier bevorzugt zwischen Wasserpflanzen in Uferregionen ab. Der Mensch hat diese Lebensbedingungen durch seine Tätigkeit verändert. Damit beispielsweise der Schiffstransport einfacher gestaltet werden konnte, wurden Flüsse begradigt. Die Uferregionen wurden teilweise zerstört. Die Folge war u. a., dass der Lebensraum der Biber teilweise vernichtet wurde, dass die Eier der Fische mit dem Wasserstrom weggetrieben und somit an der Entwicklung gehindert wurden.

Diese Beispiele zeigen, wodurch das Leben von Tieren u. a. gefährdet ist. Für die Pflanzen gilt das Gleiche. Viele Pflanzen und Tiere weltweit und auch in Deutschland sind gefährdet, vom Aussterben bedroht oder gar ausgestorben. Deshalb ist der Umweltschutz eine wichtige Sache. Dabei geht es darum, die Lebensräume von Pflanzen und Tieren zu erhalten.

## Fächerverbindendes Thema

3. Auf den Fotos kannst du die Reste eines schönen Picknicks im Wald bzw. eines ausgelassenen Badevergnügens sehen.
   a) Schaut euch die Bilder genau an und versucht herauszufinden, aus welchen Materialien dieser Müll besteht.

   b) Fertigt eine Übersicht nach folgendem Muster an!

| **Material, das in der Natur abgebaut wird** | **Material, das nicht in der Natur abgebaut wird** |
|---|---|
| | |

   c) Welche Folgen hat diese Umweltverschmutzung für die dort lebenden Tiere und Pflanzen?

4. a) Steckt im nahe gelegenen Park, in der Umgebung des Schulgeländes oder im Straßengraben (Achtung! Autoverkehr beachten!) eine bestimmte Fläche ab (Park und Schulgelände ca. 10 x 10 m, Straßengraben 100 m lang).
   b) Sammelt alle Materialien, die nicht dorthin gehören, und bringt sie auf einen zentralen Platz.
   c) Ordnet die Sachen und legt eine Tabelle mit der Art der Materialien an.

| **Material** | **Häufigkeit** |
|---|---|
| | |

   d) Berechnet den Anteil der einzelnen Teile (z. B. Flaschen, Pappe, Dosen,…) und erstellt daraus eine grafische Übersicht (Kreisdiagramm, Säulendiagramm).
   e) Welche Auswirkungen hat solch eine unüberlegte Beseitigung von Müll?
   f) Macht Vorschläge, wie man die Verschmutzung dieser Anlagen verhindern kann.

W

## Fächerverbindendes Thema

### Immer mehr Verpackungen

Kaffee, Spielzeug, Gebäck – alles ist verpackt. Nicht selten sogar doppelt und dreifach. Mehr als sieben Millionen Tonnen Verpackungsmaterial tragen die Bundesbürger jährlich nach Hause. Verpackungen schützen, machen Verderbliches haltbar, erhalten das Füllgewicht und machen Lebensmittel transport- und lagerfähig. Sie verursachen aber auch Kosten, die Herstellung und die Entsorgung der Verpackungen belasten die Umwelt. Um die Verpackungsflut einzudämmen, wurde 1991 die Verpackungsverordnung erlassen. Sie verpflichtet Industrie und Handel u.a. zur Rücknahme und Wiederverwendung von Verpackungen.

5. Der Tetrapak Milch hat die Form eines Quaders mit den Seiten $a = 9$ cm, $b = 5{,}7$ cm und $h = 19{,}5$ cm.
   a) Berechnet das Volumen des Tetrapaks Milch.
   b) Wie groß ist die Grundfäche?

6. Sammelt Verpackungen. Ordnet diese nach sinnvollen Kriterien (z. B. Verwendungszweck, Material, Form usw.).
   Vergleicht Volumen und Oberflächeninhalt dieser Verpackungen.

### Zu große Verpackung oder gar Mogelpackungen?

7. Die Abbildung zeigt Verpackung und Inhalt eines Eau de Toilette, der Inhalt ist mit 30 ml angegeben.
   Berechnet, wie viel Prozent größer die Verpackung als das Volumen des Flakons ist.
   Maße des Kartons: 12 cm lang, 8,5 cm breit, 5 cm tief,
   Maße des Flakons: 4,5 cm breit, 3 cm tief;
   Verschluss: 2 cm hoch, 2 cm breit bei gleicher Tiefe,
   Gesamthöhe: 7 cm

8. Sucht in eurer Umgebung Produkte und Gegenstände, die in einer unnötig großen Verpackung verkauft wurden.

### Recycling

Die Wiederverwendung von gebrauchten Materialien wie Gläsern und Papier spielt eine große Rolle. Die Bürger der Bundesrepublik Deutschland verbrauchen pro Jahr beispielsweise über 10 Millionen Tonnen Papier und Zellstoff. Dafür werden täglich 200 000 Bäume benötigt. Die nachwachsenden Bäume können den steigenden Bedarf nicht decken.

1 ▸ Container für Altpapier

9. Nennt Möglichkeiten, um den Papierverbrauch zu senken.

10. Um den Wald zu schonen, wird u. a. Altpapier wieder aufbereitet.
    a) Wenn ein Drittel des Papierbedarfs durch Altpapier gedeckt werden kann, wie viel Bäume weniger müssen dann gefällt werden?
    b) Wenn die Bürger ein Fünftel weniger Papier verbrauchen, wie hoch wäre dann der Papierverbrauch in Deutschland?

2 ▸ Riesige Papierrollen gelangen z. B. in die Druckereien

## Bildquellenverzeichnis

Agricultural Research Service, Washington D.D.: 7/2; 93/2 ; AKG Berlin, (Archiv für Kunst und Geschichte): 150/1; BASF: 132/4; BilderBox.com: 14/1; blickwinkel/Schmidbauer: 21/3; blickwinkel/Lenz: 93; blickwinkel/Hecker: 21/4; 62/1; blickwinkel/Siebert: 84/2; Bogon, K., Kassel: 18/1; 104/2; Brezmann, S. Hamburg: 46/1; 47/1; 131/4; 132/1u.2; 141/1; 147/1-3; 149/2; 150/2d, 2f; 166/2; Brunner, M., Pro Litteris. Zürich: 93/1; Corel Photos Inc.: 6/1; 7/1 u. 3 ; 10/1; 11/2; 34/1, 2 u. 4; 53/1; 64/4; 65/3; 68/1; 85/1u.2; 88/1b; 89/1–5; 91/1d; 92/2; 95/1; 96/1; 105/1; 121/2 ; 123/2; 129/1–3, 5; 130/1; 133/2; dpa/ZB Archiv Berlin: 21/2, 66/4; 80/1; 88/1a; 91/1a u. c; 97/1; 117/1; 123/1; 164/1; Eisenreich, W., Gilching: 147/4; Geisel, T., Paulinenaue: 30/1; 131/1; Hessen-Touristik: 88/2; Horn, F., Rostock: 132/3; 150/2g; 164/2; Ibe, P. Steckby: 104/1; IMA, Hannover: 131/2 u. 3; 149/1; 150/2b; Landesumweltamt Brandenburg: 84/3; Lavendelfoto, Pflanzenarchiv: 149/3; 150/2a; 153/1; Liesenberg, G., Berlin: 156/2; 166/1 u. 3; Mahler, H., Berlin: 8/1 u. 3; 9/1; 12/1; 16/2 u. 5; 23/2 u. 3a-c; 24/2; 77/3; 109/2; 134/2; 145/1 u. 2; 149/4; Mauritius: 11/1; 99/2; 117/2; 121/1; Mentzel, J., Radewege: 79/1; Muer, T., Bad Bentheim: 155/1 u. 2; Natura 2000, Silvestris online, Kastl: 34/3; 39/1; 61/1; 69/1-3; 79/2; 87/2; 94/1; 111/1 u. 2, 113/2; 133/3; Naturfotografie Frank Hecker, Panten-Hammer: 8/2; 13/1; 16/1; 21/1; 51/1; 65/1; 66/1, 3, 5; 67/1-6; 74/1; 86/3 u. 4; 87/1 u. 5; 91/2; 92/1;160/2; Neuls, Z., Berlin: 107/1; 138/2; Paetec Bildarchiv: 19/1; 87/3; 91/1b; 106/2; Pews, H.-U., Berlin: 84/1; 133/1; 136/2; 138/3; 150/2e; 152/1; 155/3; Photo Disc Inc.: 7/1; 15/1; 16/3; 17/1; 51/3; 79/3; 83/1–3; 87/4; 94/2; 99/1; 143/2; 158/1, 160/3; Raum, B., Neuenhagen: 140/2; Steuding, H., Tabarz: 47/2; Sächsische Landesanstalt für Landwirtschaft: 32/1 u. 2; Schünemann, Neubrandenburg: 152/1; Staatliche Landesbildstelle, Südbayern: 150/2c; Steffen, A. Schwalmtal: 85/3 ; Theuerkauf, H., Gotha: 20/4; 29/2; 137/1; Thüringer Landesanstalt für Umwelt: 31/1; Tierbildarchiv Angermayer: 20/1-3; 37/1 u. 2; 38/2 u. 3; 39/2-4; 44/1; 45/1-6; 48/1; 52/2; 53/2 u. 3; 59/1; 62/2; 64/2; 65/2; 66/2; 74/2; 81/1; 82/1,2; 85/3; 86/1 u. 2; 88/1c-d; 98/1; 121/3 u. 4; 127/1; 129/4; Tordjmann, Cohen u. a., „Mann und Frau“, Bd. 3: 108/2; UFOB e.V., Berlin: 154/1 u. 2; Ullsteinbild-ddp, Berlin: 114/1 u. 2; Welte, M.: 43/1; www.unibas.ch/botimage: 143/1; Zartbitter Köln: 115/1 u. 2; Zeitler, K.-H., München: 19/2; 38/1 u. 4; 51/2; 52/1; 58/1; 64/1 u. 3; 160/1; Zeiss Jena, Oberkochen: 60/1

Titelfoto: Corel Photos Inc.

Wir bedanken uns bei *Zartbitter Köln e.V.* (Kontakt- und Informationsstelle gegen sexuellen Missbrauch an Mädchen und Jungen) für die freundliche Genehmigung zum Abdruck der beiden Grafiken auf Seite 115.

# Tätigkeiten im Biologieunterricht

**Im Zusammenhang mit dem Erkennen bestimmter biologischer Zusammenhänge und Gesetzmäßigkeiten gibt es eine Reihe von Tätigkeiten, die immer wieder durchgeführt werden. Solche Tätigkeiten praktischer Art sind im Biologieunterricht u.a. das Sammeln bzw. Fangen von Organismen, Bestimmen von Organismen und Betrachten. Das Beschreiben, Vergleichen, Erläutern, Begründen und Klassifizieren sind Tätigkeiten geistiger Art.**

**Bestimmen**
Beim Bestimmen stellt man den Namen von einem unbekannten Lebewesen (z. B. Weißstorch und Apfelbaum) anhand charakteristischer Merkmale fest. Dazu nutzt man Abbildungen oder Bestimmungsschlüssel.

**Betrachten mit der Lupe**
Mithilfe einer Lupe kann man Organismen bzw. deren Teile (z. B. unterschiedliche Blüten der Sonnenblume) wesentlich größer sehen als mit bloßem Auge. Gebräuchlich sind Lupen, die ein 5-bis 15fach vergrößertes Bild des untersuchten Objektes zeigen.

**Beschreiben**
Beim Beschreiben wird mithilfe der Sprache dargestellt, wie ein Naturgegenstand beschaffen ist bzw. wie ein Naturvorgang abläuft. Dabei werden vor allem wichtige Merkmale herangezogen (z. B. Beschreiben des Fortpflanzungsverhaltens – Gesang und Balz – von Vögeln).